ENGELBERTE EBODE BALLA FOUDA

Perfil citopatológico das células do colo do útero nos Camarões

ENGELBERTE EBODE BALLA FOUDA

Perfil citopatológico das células do colo do útero nos Camarões

Factores associados ao desenvolvimento do cancro do colo do útero em zonas rurais e urbanas

ScienciaScripts

Imprint

Any brand names and product names mentioned in this book are subject to trademark, brand or patent protection and are trademarks or registered trademarks of their respective holders. The use of brand names, product names, common names, trade names, product descriptions etc. even without a particular marking in this work is in no way to be construed to mean that such names may be regarded as unrestricted in respect of trademark and brand protection legislation and could thus be used by anyone.

Cover image: www.ingimage.com

This book is a translation from the original published under ISBN 978-620-6-72016-4.

Publisher:
Sciencia Scripts
is a trademark of
Dodo Books Indian Ocean Ltd. and OmniScriptum S.R.L publishing group

120 High Road, East Finchley, London, N2 9ED, United Kingdom
Str. Armeneasca 28/1, office 1, Chisinau MD-2012, Republic of Moldova, Europe
Printed at: see last page
ISBN: 978-620-8-02394-2

ÍNDICE DE CONTEÚDOS

DEDICAÇÃO

"Aos meus pais, PIERRE EBODE e FOUDA ENGELBERTHA

AGRADECIMENTOS

A Deus Todo-Poderoso por me ter ajudado a escrever e a concluir esta tese.

Ao meu supervisor, Dr. KOANGA MOGTOMO Martin, pelos seus conselhos inestimáveis e judiciosos. O seu dinamismo e competências científicas permitiram-me concluir com êxito os meus estudos ao longo dos últimos cinco anos na Faculdade de Ciências.

À FS/UD, por me ter formado nos últimos cinco anos, e aos professores do Departamento de Bioquímica, pela sua experiência no nosso trabalho até este exame DEA.

Aos meus colegas de turma do ano 2015-2016 pelos momentos partilhados em conjunto.

A todas as mulheres que participaram neste estudo e sem as quais este relatório não teria sido possível.

As instituições de saúde onde o nosso trabalho foi efectuado.
Aos meus irmãos e irmãs: EBODE EKANI Pierre, EBODE NGA Adéline, EBODE NTSAMA Sabine, EBODE BALLA Rameaux, EBODE Pierre, EBODEMVOGO Edouard e EBODE BIBOUGOU Rébecca. Obrigado por estarem sempre ao meu lado quando precisei deles.

Ao Abbé ADALA Antoine Marie pelo seu apoio moral e financeiro aos meus estudos durante os últimos dois anos.

À minha bebé NKO'O Rita pelo seu amor
A todos os meus amigos e a todos aqueles que me ajudaram de alguma forma na elaboração desta dissertação.

RESUMO

O cancro do colo do útero é um verdadeiro problema de saúde pública nos países em desenvolvimento e, em particular, nos Camarões. Em geral, os dados geográficos sobre a incidência ou a mortalidade deste cancro variam muito, por vezes em benefício das comunidades rurais e por vezes em seu detrimento. Nesta perspetiva, realizámos um estudo piloto transversal numa zona rural (Niété) e numa zona urbana (Yaoundé I). O objetivo deste estudo era determinar os perfis citopatológicos das células cervicais nos distritos de Niété e Yaoundé I, e efetuar uma análise comparativa destes perfis, destacando os factores de risco responsáveis pela sua variação. A técnica de Papanicolaou utilizada para determinar os perfis citológicos deu origem a 9,8% de esfregaços patológicos em Niété, incluindo 4,6% de ASCUS, 1,3% de AGUS, 2,6% de LSIL e 1,3% de HSIL, em comparação com 16,3% de esfregaços patológicos em Yaoundé I, incluindo 1,3% de ASCUS, 3,3% de AGUS, 9,8% de LSIL e 2% de HSIL. A análise comparativa destes perfis utilizando os testes de Student, Fischer e Qui-quadrado do programa Graph Pad prism v.5 revelou uma diferença significativa (P= 0,034; $\chi^2 = 11,01$) entre os perfis citopatológicos das mulheres inquiridas em Niété e Yaoundé I, sendo a zona urbana mais propensa a lesões pré-cancerosas do que a zona rural. Além disso, a idade das participantes e o consumo de álcool foram determinados como responsáveis pela variação do perfil citopatológico do tipo ASCUS entre Niété e Yaoundé I, a paridade foi responsável pela variação do tipo AGUS, o número de parceiros sexuais, o estado civil e, mais uma vez, a idade das participantes foram responsáveis pela variação do tipo LSIL, e a contraceção, pela variação do tipo HSIL. Por conseguinte, é urgente organizar programas de rastreio do cancro do colo do útero bem orientados nos Camarões, uma vez que a maioria das mulheres com resultados positivos para as lesões nunca tinha ouvido falar do esfregaço cervico-vaginal (80%), e fazê-lo utilizando uma metodologia aceitável em termos de custos e de eficácia.

Palavras chave : Perfil citopatológico - célula cervical - lesão pré-cancerosa - cancro do colo do útero - esfregaço cervico-vaginal

INTRODUÇÃO

O cancro do colo do útero é uma proliferação grande e descontrolada de células cervicais anormais no colo do útero (Carozzi et al., 2016). Em geral, este cancro começa com alterações estruturais e morfológicas nas células do endocérvix e do ectocérvix, dando origem ao aparecimento das chamadas lesões pré-cancerosas (Embolo et al., 2016). O aparecimento de lesões pré-cancerosas segue-se à transformação do epitélio normal em epitélio displásico (Maclean, 2009). A nível mundial, o cancro do colo do útero é o quarto cancro mais comum nas mulheres e ocupa a 7.ª posição[e] globalmente (OMS, 2015). Causa morbilidade e mortalidade significativas, com mais de 500 000 novos casos e mais de 300 000 mortes por ano em todo o mundo (Khenchouche et al., 2013), mais de 80% das quais ocorrem em países em desenvolvimento (OMS, 2007). Em África, continua a ser o principal cancro nas mulheres, com a África Central e Oriental a registar as taxas de mortalidade relacionadas com o cancro mais elevadas do mundo, com 22,2 e 27,6 por 100 000 pacientes, respetivamente, em comparação com 2 por 100 000 pacientes na Ásia Oriental e na Europa Ocidental (Somé et al., 2016). Nos Camarões, a prevalência de lesões pré-cancerosas do colo do útero está estimada em 80,73/100 000 mulheres (Kemfang et al., 2015), e representa a segunda principal causa de morte por cancro nas mulheres, depois do cancro da mama, em termos de mortalidade e incidência (OMS, 2014).O cancro do colo do útero caracteriza-se pelo aparecimento de lesões pré-cancerosas assintomáticas que persistem durante muitos anos (Moscicki et al., 2012). Na maioria das vezes, estas lesões regridem espontaneamente e apenas um pequeno número progride para cancro invasivo (Diouri, 2008). A história natural do cancro do colo do útero, a possibilidade de colheita regular de amostras e a disponibilidade de tratamento eficaz para lesões pré-invasivas significam que este tipo de cancro se presta bem ao rastreio. No entanto, pode ser prevenido em quase todos os casos se for detectado nas fases iniciais e assintomáticas. A deteção precoce das lesões pré-cancerosas continua, por conseguinte, a ser a base da luta contra esta doença. A doença não deve ser uma sentença de morte, mesmo nos países pobres. Atualmente, estão disponíveis instrumentos de rastreio pouco dispendiosos e de baixa tecnologia. Estas poderiam reduzir significativamente o número de mortes por cancro do colo do útero nestes países (Bosch et al., 2013). A citologia (esfregaço cervical ou teste de Papanicolau) é a técnica mais utilizada para detetar lesões pré-cancerosas. Reduziu drasticamente a incidência de cancros invasivos e a mortalidade na maior parte dos países desenvolvidos, sendo possível constatar uma série de problemas humanos e técnicos no que diz respeito à verdadeira causa do ressurgimento das lesões. Em primeiro lugar, existe uma relutância por parte das mulheres que devem efetuar o teste de esfregaço. Em segundo lugar, há uma baixa percentagem de mulheres que se submeteram a controlos ginecológicos durante ou após a gravidez. No entanto, o exame de Papanicolau, principal ferramenta de rastreio de lesões, sofre de baixa sensibilidade e especificidade (Embolo et al., 2016). As lesões displásicas do colo do útero continuam a ser pouco documentadas nas zonas rurais dos Camarões. No estudo realizado em Bali, uma localidade rural da Província Noroeste, por Tebeu et al (2005), é importante organizar campanhas de rastreio e tratamento de lesões pré-cancerosas noutras localidades rurais e urbanas dos Camarões, a fim de estabelecer um programa nacional de gestão destas lesões para uma melhor prevenção das mortes por cancro do colo do útero nos Camarões. Desde há vários anos, as zonas rurais estão a atravessar uma grande crise. Estão a sofrer um êxodo maciço para as cidades e metrópoles. Neste contexto, é legítimo perguntar se o facto de viver numa comunidade rural em vez de numa cidade tem impacto na saúde e no bem-estar desta população. É neste contexto que se insere o presente estudo. Existe uma diferença real entre os perfis citopatológicos das células cervicais das mulheres rurais e urbanas dos Camarões? Quais poderão ser as causas? Para responder a estas questões, partimos da hipótese de que as mulheres que vivem nos Arrondissements de Niété (zona rural) e Yaoundé I (zona urbana) teriam um perfil citopatológico cervical diferente. Isto permitiu estabelecer o objetivo geral de enumerar os factores responsáveis pela variação das morfologias celulares nas mulheres de Niété e Yaoundé I, e os objectivos específicos de :

➢ Determinar o perfil citopatológico das células cervicais das mulheres que vivem nos distritos de Niété e Yaoundé I.

➢ Efetuar uma análise comparativa destes perfis

➢ Identificar os factores envolvidos na variação destes perfis.

CAPÍTULO I
REVISÃO DA LITERATURA

I.1. EPIDEMIOLOGIA DO CANCRO DO COLO DO ÚTERO

I.1.1 Situação mundial

Com 528 000 novos casos por ano (IARC, 2013), o cancro do colo do útero é o quarto cancro mais comum nas mulheres em todo o mundo, depois dos cancros da mama, colorrectal e do pulmão (Figura 1). É também a sexta causa mais comum de morte por cancro (Figura 2) (Siegel et al., 2016). Existe, no entanto, uma desigualdade acentuada na distribuição da incidência entre países (Bray et al., 2013). Cerca de 85% dos cancros do colo do útero ocorrem nos países em desenvolvimento, onde o acesso ao rastreio e aos cuidados, a elevada paridade e o ambiente geral são completamente diferentes dos dos países desenvolvidos (Bosch et al., 2013; IARC, 2013). As regiões onde a incidência e a mortalidade do cancro do colo do útero se encontram entre as mais elevadas do mundo são (Bray et al., 2013): África Subsariana, América Latina e Sul da Ásia (ACCP, 2004).

Breast cancer	246,660	29%
Lung cancer	106,470	13%
Colorectal cancer	63,670	8%
Cervical cancer	60,050	7%
Tyroid cancer	49,350	6%
Lymphoma	32,410	4%
Skin cancer	29,510	3%
Leukaemia	26,050	3%
Pancreatic cancer	25,400	3%
Kidney cancer	23,050	3%
Other	843,820	100%

Figura 1: Estimativa da incidência dos dez principais cancros (Siegel et al., 2016)

Lung cancer	72,160	26%
Breast cancer	40,450	14%
Colorectal cancer	23,170	8%
Pancreatic cancer	20,330	7%
Ovarian cancer	14,240	5%
Cervical cancer	10,470	4%
Leukaemia	10,270	4%
Liver cancer	8,890	3%
Lymphoma	8,630	3%
Brain cancer	6,610	2%
Other	281,400	100%

Figura 2: Taxa de mortalidade estimada para os dez principais cancros (Siegel et al., 2016)

I.1.2 Situação em África

O cancro do colo do útero é uma doença que pode ser prevenida. No entanto, em África, é o principal cancro nas mulheres, com a África Central e Oriental a registarem as taxas de mortalidade mais elevadas do mundo, com 22,2 e 27,6 por 100 000 pacientes, respetivamente, em comparação com 2 por 100 000 pacientes na Ásia Oriental e na Europa Ocidental (Somé et al., 2016).

I.1.3 Situação nos Camarões

A prevalência de lesões pré-cancerosas do colo do útero está estimada em 7% nos Camarões (Criton, 2010). Em 2002, estas lesões pré-cancerosas constituíam a principal causa de morte por cancro em mulheres com uma idade média de 49 anos, representando 32% de todos os cancros e 12% dos novos casos descobertos todos os anos em 10 000 (ROBYR, 2002). Com a adoção de programas de rastreio que utilizam a FCU e a sensibilização do público para a necessidade de rastreio, foi possível reduzir consideravelmente a taxa de mortalidade deste cancro. Atualmente é a segunda principal causa de morte por cancro nas mulheres, a seguir ao cancro da mama, em termos de mortalidade (Figura 3) e incidência (Figura 4) (WHO, 2014).

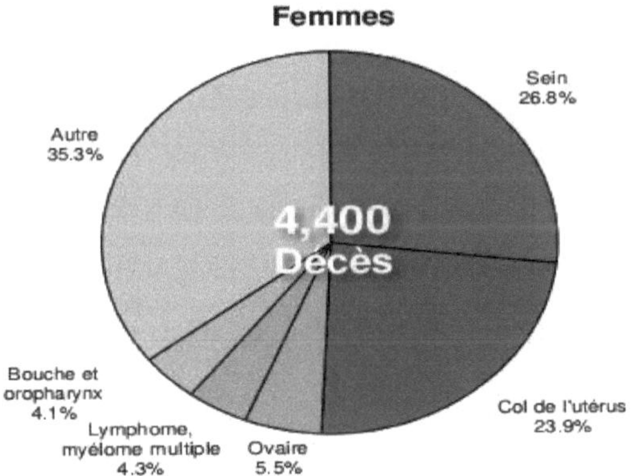

Figura 3: Perfil da mortalidade por cancro nos Camarões (OMS, 2014)

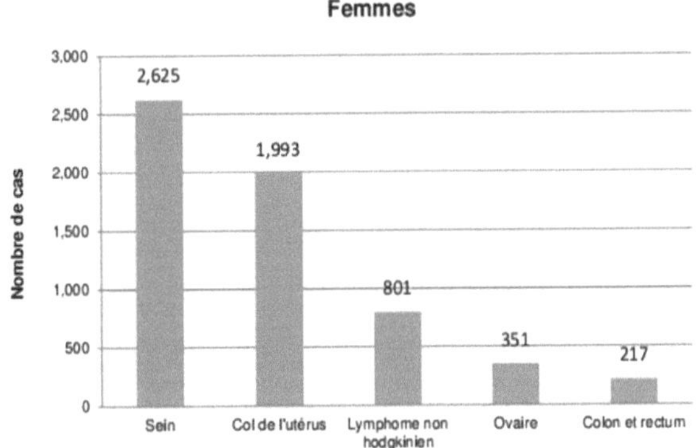

Figura 4: Incidência do cancro nos Camarões (OMS, 2014)

I.2 SITUAÇÃO GEOGRÁFICA DOS DISTRITOS DE NIETE E YAOUNDÉ I

O município de Niété tem uma população de 40.894 habitantes, repartidos por 28 aldeias, numa superfície de 2.117 km^2 . Situa-se na Região Sul, Departamento dos Oceanos, limitado por :

✓ A sul, o município de Campo,

✓ A norte, a comuna de LOKOUNDJE,

✓ A leste, a Comuna de AKOM II,

✓ A oeste, as comunas de Lokoundje e Kribi I.

O município de Yaoundé I está situado no departamento de Mfoundi, região Centro. Tem uma população de 281 586 habitantes numa área de 55 km^2 . O município de Yaoundé I é delimitado por

✓ A norte, a comuna rural de OKOLA (aldeia de LENDOM),

✓ A sul, a Commune d'Arrondissement de Yaoundé V (ribeiro EKOE-rails),

✓ A sudoeste, pelo bairro de Yaoundé III, nomeadamente através do rio Mfoundi e do Boulevard du 20 MAI.

✓ A oeste, através do Conselho Distrital de Yaoundé II (cruzamento de Warda, nova estrada de Bastos),

✓ A leste e a nordeste pela Commune d'Arrondissement de SOA

I.3 ANATOMIA DO COLO DO ÚTERO

O útero é um músculo liso, oco, em forma de pera, com paredes espessas (Figura 5).

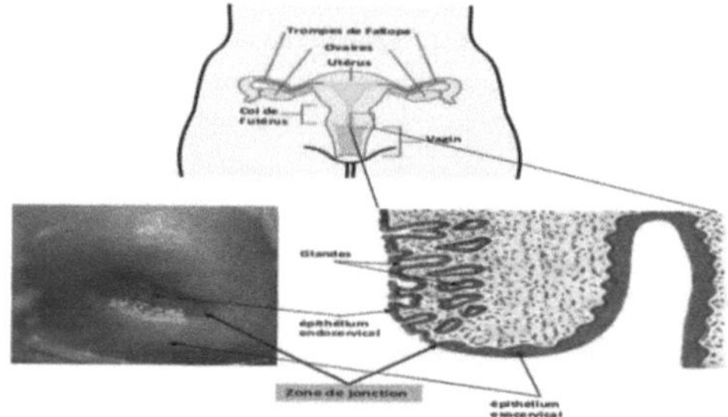

Figura 5: Estrutura anatómica e histológica do colo do útero (Chard, 1994; James, 2016)

O colo do útero é revestido por dois tipos de epitélio: o epitélio escamoso não queratinizado (ou epitélio malpighniano) e o epitélio colunar (ou epitélio glandular). (Dallenbach, 2006)

> **Exocol:**

O epitélio escamoso estratificado é constituído por várias camadas d e células cada vez mais achatadas (Sellors, 2004). Opaco e de cor rosa pálido antes da menopausa, este epitélio é constituído por quatro camadas de células:

✓ A camada basal inferior (CB)

✓ A camada parabasal (CPB)

✓ A camada intermédia (CI)

✓ A camada superficial (SL)

Após a menopausa, o epitélio escamoso torna-se mais fino, adquire uma cor rosa-esbranquiçada e torna-se mais frágil e, por conseguinte, mais sensível aos traumatismos, o que provoca frequentemente pequenas hemorragias ou petéquias (Sellors, 2004).

> **O endocol:**

O epitélio colunar é constituído por uma única camada de células altas que repousam sobre a membrana basal. Esta camada é composta por células mucosas e células ciliadas, com células bipotenciais subcilíndricas, conhecidas como "células de reserva", intercaladas entre elas. Este epitélio invagina-se no tecido conjuntivo subjacente para formar criptas muco-secretoras, cujos orifícios se abrem ao nível do revestimento superficial (OMS, 2007). Ao exame com o espéculo endocervical, apresenta-se vermelho vivo.

> **A junção escamocolunar original (SCJ)**

Apresenta-se como uma linha estreita, marcada por uma depressão devido à diferença de espessura entre os epitélios escamoso e colunar. A localização do ECS original varia consoante a idade da mulher, o seu estado hormonal, o traumatismo do parto e a utilização ou não de contraceptivos orais (WOLFGANG, 2003). Quando exposto à acidez vaginal, o epitélio colunar é progressivamente substituído por epitélio escamoso estratificado, constituído por uma camada basal de células poligonais derivadas de células de reserva subepiteliais. Este processo fisiológico normal é designado por metaplasia escamosa e dá origem a um novo epitélio escamoso. Uma vez amadurecido, o epitélio escamoso neoformado assemelha-se muito ao epitélio escamoso original. No entanto, ao exame visual, o epitélio escamoso neoformado é diferente do epitélio escamoso original. A zona de remodelação corresponde à área onde ocorreu metaplasia escamosa, onde o epitélio colunar é, ou foi, substituído por epitélio escamoso.

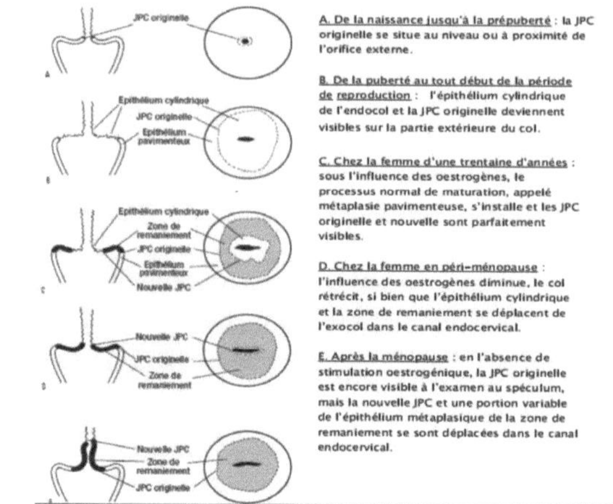

Figura 6: Processo de metaplasia escamosa: (OMS, 2007).

I.4 HISTÓRIA NATURAL DO CANCRO DO COLO DO ÚTERO

O epitélio escamoso estratificado que reveste o colo do útero proporciona proteção contra substâncias tóxicas e infecções. Em condições normais, as camadas superiores são constantemente renovadas, assegurando a manutenção da integridade do revestimento epitelial através da formação constante e ordenada de novas células na camada basal. A relação sexual é a via clássica de contaminação pelos vírus HPV, mas estes vírus nus, altamente resistentes à temperatura, podem ser transmitidos por vectores como a água, a roupa, o equipamento e as luvas sujas. O HPV penetra nas células basais do epitélio, provavelmente na junção ectocervical, que é particularmente vulnerável a todos os tipos de agressão. (Letian e Tianyu, 2010; Trimble et al., 2010) A infestação epitelial pelo vírus ocorre geralmente através de uma micro-lesão e requer o contacto e a penetração das partículas virais nas células epiteliais basais. O contacto é facilitado p o r cofactores:

➤ cervicite recorrente: pode levar a microlesões cervicais e/ou potenciar lesões citopatogénicas relacionadas com o HPV (cervicite por Trichomonas vaginalis).
➤ Ectrópio: a área fora da junção pode ser facilmente danificada.

➤ pólipos: são frágeis e apresentam um risco de cancerização
O efeito citopatogénico da replicação do HPV resulta na presença de coilócitos:

células vacuoladas com núcleos grandes, cuja presença é patognomónica da infeção pelo HPV. O cancro do colo do útero desenvolve-se muito lentamente, ao longo de um período de cerca de quinze anos. As lesões precursoras começam geralmente na junção entre a mucosa escamosa e a mucosa glandular do colo do útero. Por isso, é importante localizar esta zona em constante mudança, pois é um local privilegiado para a infeção pelo HPV. O HPV infecta as células basais do epitélio escamoso, geralmente através de microtraumatismos. As células cervicais assim infectadas assumem um aspeto particular: o núcleo é rodeado por uma auréola pálida com contornos irregulares, correspondendo a uma zona de necrose citoplasmática. São os chamados coilócitos (Figura 7). Este efeito citopático é específico da infeção pelo HPV (Baba et al., 2007).

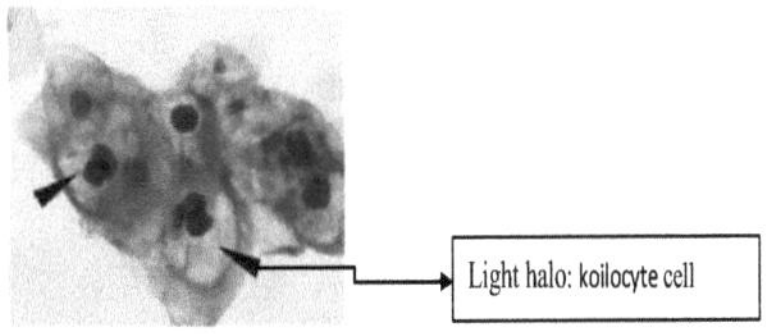

Figura 7: Aspeto de um coilócito: célula cujo núcleo está rodeado por uma auréola de cor clara, efeito citopático da infeção pelo HPV (Chard, 1994).

Naturalmente, o cancro do colo do útero é precedido por lesões pré-cancerosas que persistem durante anos antes de progredirem para uma lesão de baixo grau na citologia, que apresenta um padrão linear geral: displasia ligeira (NIC1), moderada (NIC2) e grave (NIC3), carcinoma in situ, carcinoma microinvasivo e, finalmente, carcinoma invasivo. (Lecuru, 2008) Histologicamente, a progressão resulta na perda de diferenciação celular, dando o aspeto de neoplasia intra-epitelial cervical (NIC). Esta progride de NIC 1 para NIC 3 e depois para cancro invasivo. Entre 10% e 15% das NIC 1 não tratadas evoluirão para NIC 2-3, enquanto as restantes regredirão espontaneamente no prazo de dois anos após o diagnóstico inicial. O risco de progressão da NIC 1 para NIC 3 ou para uma lesão mais grave foi estimado em 1% por ano, enquanto o risco de progressão da NIC 2 para os estádios mais graves seria de 16% em 2 anos para 25% em 5 anos (Moscicki et al., 2012).

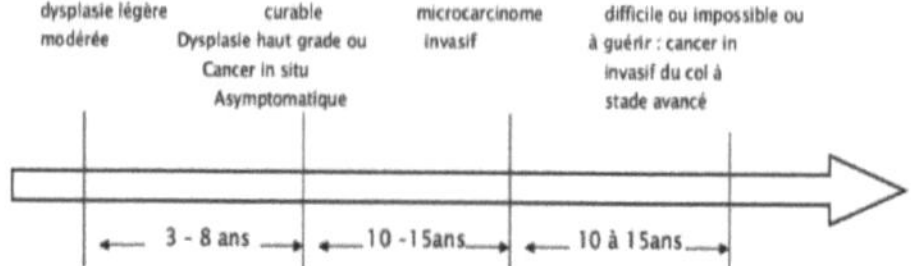

Figura 8: Sequência de eventos na história natural do cancro do colo do útero (Moscicki et al., 2012).

Para cada lesão cervical pré-cancerosa, existe uma probabilidade de regressão (de 32% a 57%, consoante a gravidade da lesão) para um epitélio normal, que acompanha a eliminação do vírus, e uma probabilidade de persistência ou progressão para um estádio mais avançado, incluindo para os carcinomas in situ equiparados a NIC 3 (McCredie et al., 2008).

I.5 FACTORES DE RISCO

Os dados epidemiológicos mostram que o cancro do colo do útero é uma doença multifatorial, sendo que o HPV parece ser o fator mais importante na génese do cancro do colo do útero, mas são também necessários outros co-factores. (Lecuru, 2008) A incidência do cancro invasivo do colo do útero tem vindo a diminuir graças à generalização do rastreio nos países desenvolvidos (P. Lopes, 2013).

I.5.1 Factores infecciosos:

➢ **Infeção por HPV:**

A grande maioria dos cancros é causada pelo HPV, um agente sexualmente transmissível que infecta as células do colo do útero, provocando alterações celulares que podem evoluir para cancro (Monsonégo, 2006). O risco relativo da associação entre o HPV e o cancro do colo do útero é duas a três vezes superior, em comparação com outros factores de risco de cancro. (Koutsky et al., 1992; Faysal et al., 2016)

➢ **Chlamydia trachomatis:**

É um agente sexualmente transmissível muito comum, causando cervicite e metaplasia que facilita a infeção por HPV (Golijow et al., 2005).

> **Vírus Herpes Simplex2:**

Embora a atenção se tenha concentrado progressivamente no HPV, parece que o vírus do herpes simples desempenha um papel na génese das lesões displásicas (Boulanger, 2010). A combinação do HPV e do herpes de tipo 2 aumenta o risco de cancro do colo do útero por um fator de dois a três (Smith et al., 2002).

> **Outras doenças sexualmente transmissíveis:**

O citomegalovírus (CMV) e o vírus da imunodeficiência humana (VIH) são considerados co-factores que aumentam o risco de desenvolvimento de lesões pré-cancerosas, mas este aumento moderado do risco é controverso, dependendo do estudo (Schiffman et al., 1995; Mougin et al., 2001).

I.5.2 Factores sexuais e obstétricos:

Os factores sexuais e obstétricos frequentemente encontrados são: (Leidy, 1999)
✓ Relações sexuais precoces.

✓ Casamento precoce.

✓ Idade jovem na primeira gravidez.

✓ Gravidez múltipla.

✓ Parceiros sexuais múltiplos.
Vários factores aumentam o risco de cancro do colo do útero, sendo os mais convincentes e consistentes os múltiplos parceiros sexuais e a atividade sexual precoce. Pensa-se que a atividade sexual precoce é um fator de risco importante porque, durante a puberdade, o tecido cervical sofre várias alterações que podem tornar esta área mais vulnerável a lesões. (Leidy, 1999; OUCHEN, 2009) A paridade elevada é um fator ligado a traumatismos durante o parto, mas também a alterações hormonais e imunológicas durante a gravidez que favorecem a metaplasia e o desenvolvimento do HPV (Leidy, 1999). A paridade elevada está ligada à progressão da infeção pelo HPV, devido ao ectrópio cervical, que é mais prevalente em mulheres multíparas e aumenta com o número de gravidezes (INC, 2013).

I.5.3 Fumar ;

O tabagismo ativo e passivo está significativamente associado a lesões cervicais. As fumadoras têm o dobro do risco de cancro do colo do útero. De facto, o número de cigarros fumados por dia está correlacionado com a gravidade da doença, e as mulheres que fumam mais de 10 cigarros por dia têm um maior risco de lesões intra-epiteliais cervicais de alto grau. (Leidy, 1999; INC, 2013) O tabagismo parece impedir a cicatrização espontânea das lesões pré-cancerosas, permitindo assim a progressão para cancro. Também reduz a resposta imunitária, aumentando o risco de infeção persistente (INC, 2013). O efeito do tabaco no epitélio do colo uterino pode ser explicado pelo facto de os derivados destes compostos se distribuírem nos fluidos corporais, sendo que a nicotina está mesmo concentrada no muco cervical. Outro constituinte do fumo: a cotinina (uma substância química produzida pelo organismo a partir da nicotina do fumo do cigarro) também se encontra neste muco, mesmo em algumas mulheres não fumadoras vítimas do tabagismo passivo (INC, 2013).

I.5.4 Contraceção oral :

A contraceção oral é considerada um fator potencial no desenvolvimento do cancro do colo do útero. (Leidy, 1999) A escolha do método contracetivo também parece afetar o risco de cancro do colo do útero, sendo que os métodos de barreira parecem reduzir o risco, enquanto os contraceptivos orais parecem aumentá-lo (Mantovani et al., 2001).

I.5.5- Estatuto socioeconómico :

É universalmente reconhecido que o cancro invasivo do colo do útero afecta sobretudo as mulheres de meios socioeconómicos baixos, devido aos seus rendimentos limitados, à falta de higiene e à ausência de comportamentos preventivos. (Muñoz et al., 2006; INC, 2013)

I.5.6 Estado imunitário :

As mulheres imunodeprimidas correm um maior risco de desenvolver lesões displásicas, uma vez que o risco de infeção viral é 17 vezes superior ao do resto da população. Por conseguinte, a vigilância citológica regular é essencial, particularmente em doentes VIH positivas, receptoras de transplante renal e doentes em diálise. (Leidy, 1999)

I.5.7 Factores nutricionais:

O consumo de bebidas alcoólicas, de vegetais crucíferos (couves, nabos, brócolos) e de gorduras saturadas aumenta o risco de cancro do colo do útero. (Leidy, 1999; INC, 2013; Potischman et al., 1996).

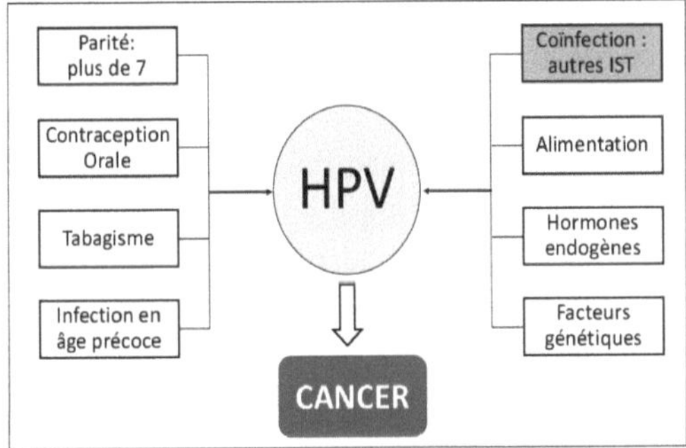

Figura 9: Factores de risco para o cancro do colo do útero (Luna et al., 2013)

I.6 RASTREIO DO CANCRO DO COLO DO ÚTERO :

O rastreio é uma ação de saúde pública realizada junto de uma população de risco, denominada população-alvo; consiste em detetar as mulheres com lesões pré-cancerosas e tratá-las (OUCHEN, 2009). Foi definido em 1957 pela USCCI (United States Commission on Chronic Illness) como "a identificação presuntiva de uma lesão ou distúrbio não conhecido pelo sujeito, através da aplicação de testes ou exames ou outros procedimentos que podem ser aplicados rapidamente" (OUEDRAOGO, 2015). Assim, o objetivo do rastreio não é diagnosticar uma doença, mas identificar os indivíduos que têm uma elevada probabilidade d e a contrair ou desenvolver.

I.6.1 Testes e métodos de rastreio do cancro do colo do útero

O rastreio de referência é um teste exato, reprodutível, pouco dispendioso, fácil de executar e interpretar, aceitável e seguro. Uma multiplicidade de procedimentos corresponde a esta descrição em graus variáveis:

17

➤ Citologia: convencional ou em meio líquido

➤ Teste para o ADN do papilomavírus humano

➤ Inspeção visual c o m ácido acético (VIA) ou solução de iodo de Lugol (VILI).

I.6.2 Citologia ou esfregaço cervico-vaginal:

➤ Idade em que foram efectuados os esfregaços:

O primeiro esfregaço deve ser efectuado alguns meses após o início da vida sexual. Os autores deram especial ênfase ao grupo etário dos 25 aos 30 anos, porque a displasia tem um pico de incidência neste grupo etário e o cancro in situ atinge o seu pico no grupo etário dos 31 aos 35 anos, 15 anos antes do pico do cancro invasivo. (Ronco, 2009)

➤ Frequência dos testes de esfregaço:

Um teste de esfregaço de dez em dez anos reduz o risco em quase dois terços a um custo muito inferior, pelo que pode ser uma boa estratégia de rastreio e m países onde os recursos são limitados. Por exemplo, é preferível rastrear toda a população de dez em dez anos do que metade da população de cinco em cinco anos ou 30% de três em três anos, sendo que esta última estratégia permite rastrear o dobro das mulheres (SAWAYA, 2003; Benchimol, 2014; Sawaya et al., 2003).

Quadro 1: Redução da taxa de cancro do colo do útero entre os 35 e os 64 anos de idade, de acordo com a frequência de esfregaços, após dois esfregaços negativos. (Miller, 2012)

Frequência de esfregaço	1 ano	2 anos	3 anos	5 anos	10 anos
% de taxa de redução acumulado	93,3	93,3	91,4	83,9	64,2

I.7 CLASSIFICAÇÕES CITOPATOLÓGICAS

As lesões pré-cancerosas são designadas por displasia (ligeira, moderada ou grave), de acordo com a classificação da Organização Mundial de Saúde (OMS), ou por neoplasia intra-epitelial cervical, de acordo com a classificação de Richart. No entanto, a classificação de Bethesda acaba por ser utilizada como referência, de acordo com as recomendações da Agence Nationale d'Accréditation et d'Evaluation en Santé (ANAES), após o abandono da classificação de Papanicolaou (Solomon et al., 2002).

I.7.1 A classificação BETHESDA

O sistema Bethesda foi utilizado pela primeira vez nos EUA em 1988, tendo sido reavaliado em 1998 e, mais recentemente, em 2001. Atualmente, a interpretação da VFC pelos patologistas baseia-se no sistema Bethesda 2001. (Solomon et al., 2002) Esta classificação permite a correspondência entre a citologia e a histologia. As lesões cervicais e vaginais são classificadas como lesões intra-epiteliais escamosas (SIL), que são subdivididas em lesões de baixo grau e de alto grau.

De acordo com este sistema, um relatório de esfregaço deve ser composto por três partes:

✓ A primeira parte demonstra a interpretabilidade do esfregaço.

✓ A segunda parte indica quaisquer anomalias das células escamosas e/ou glandulares.

✓ A terceira parte apresenta recomendações e esclarecimentos.

➤ **Anomalias das células escamosas ou epidermóides:** (Solomon et al., 2002)
- Atipia de células epiteliais (ASC): De significado indeterminado (ASC-US) ou Lesão intra-epitelial escamosa de alto grau não pode ser excluída (ASC-H)

- Lesões intra-epiteliais escamosas de baixo grau (LSIL)
- Lesões intra-epiteliais escamosas de alto grau (HSIL)
- Carcinoma de células escamosas

➤ **Anomalias das células glandulares:** (Solomon et al., 2002)
- Atipia de células glandulares (GCA): endocervical, endometrial ou sem outra

indicação.

- Atipia de células glandulares a favor de neoplasia: endocervical ou sem outra indicação

- Adenocarcinoma endocervical in situ (AIS).
- Adenocarcinoma.

I.7.2 Classificação da NIC

Richart introduziu esta classificação na década de 1960 e ainda é utilizada em alguns países. Classifica as anomalias em 3 fases: NIC I, NIC II e NIC III. Esta classificação baseia-se no conhecimento da história natural do colo do útero (CNGOF, 2016).

I.7.3 Classificação de Papanicolaou

Papanicolaou classificou os resultados dos esfregaços em 5 categorias que são fonte de múltiplas ambiguidades. Esta classificação, que data de 1943, foi abandonada pelos patologistas na reunião de BETHESDA em dezembro de 1988 (exceto em certos países onde ainda são utilizadas formas modificadas). (Renolleau, 1996)

I. = Células epiteliais normais.
II. =Células epiteliais com células inflamatórias.
III =Células anormais duvidosas=displasia.
Muito suspeito com um pequeno número de células tumorais.
V. =Muitas células neoplásicas=tumor maligno.
A desvantagem desta classificação é o facto de não distinguir entre as classes II e III.

I.7.4 A classificação da OMS.

Na década de 1970, a OMS classificou os dados citológicos em 6 categorias. Esta classificação, ao contrário da de Papanicolaou, correlaciona a citologia e a histologia. (CNGOF, 2016)

Quadro 2: Comparação das diferentes classificações utilizadas para interpretar a citologia (Solomon et al., 2002).

Sistema de Papanicolaou	Sistema da OMS	Sistema CIN RICHART	Sistema Bethesda
Classe I			Os limites da normal
Classe II			Alterações benignas de células (AUC)
Classe III	Displasia mínima	CIN I CIN II CIN III	Atipia de células escamosas de baixo grau (LSIL)
	Displasia moderada		
	Displasia grave		
			Atipia de células escamosas de alto grau (HSIL)
Classe IV	Carcinoma in situ	NIC III	
Classe V	Carcinoma microinvasivo	Carcinoma invasivo	Carcinoma invasivo
	Carcinoma invasivo		

I.8 TÉCNICAS DE ESFREGAÇO CERVICO-VAGINAL

Existem duas técnicas de frottage cervico-vaginal:

➢ FCV convencional.

➢ Esfregaço em camada fina de FCV ou em suspensão líquida.

I.8.1 FCV convencional

Um procedimento descrito em 1943 por Papanicolaou, o esfregaço cervico-vaginal convencional envolve a recolha de células da zona de transformação do colo do útero, uma vez que é aí que se desenvolvem quase todas as lesões de alto grau. (OMS, 2007b; Thin et al., 1975). A OMS levanta o problema de como realizar um teste de esfregaço e afirma que, para realizar um teste de esfregaço corretamente, é necessário poder observar o colo do útero diretamente na zona de transformação. Uma segunda amostra é recolhida do endocérvix com a espátula de Ayre (OMS, 2007b). As células são então espalhadas numa lâmina de vidro e imediatamente fixadas para preservar o seu estado morfológico. A lâmina marcada é então enviada para o laboratório de citologia para coloração, antes de ser examinada ao microscópio para determinar se as células são normais e para as classificar adequadamente.

I.8.2 FCV em camada fina ou suspensão líquida

Este teste foi introduzido em meados dos anos 90 e é utilizado principalmente e m ambientes com recursos elevados. A citologia em meio líquido consiste em remover as células com uma "escova de cerebrox" e depois recolher toda a escova num frasco com um conservante especial. A amostra é então enviada para o laboratório, que prepara o esfregaço. Este método requer um equipamento específico: um agitador, um aparelho de leitura especialmente concebido para esta técnica e uma centrifugadora com lâminas adaptáveis.

Existem três técnicas:
✓ Thinprep cytic[R] totalmente automatizado, o mais caro,

✓ O cytorich[R] , um autocyte semi-automático ou manual,

✓ Cyleasy[R] o menos dispendioso.

CAPÍTULO II
MATERIAIS E MÉTODOS

II.1 CONSIDERAÇÕES ÉTICAS

A autorização ética foi obtida junto do comité de ética institucional da Universidade de Douala com o número CEI-Udo/707/11/2016/T (Anexo 3).

II.2 TIPO DE ESTUDO

Este foi um estudo prospetivo, descritivo e transversal. Os dados foram recolhidos dos indivíduos no momento do rastreio do cancro, utilizando um questionário normalizado composto por quatro partes: informações sociais e antropológicas; dados ginecológicos e obstétricos; informações sobre a patologia e o estado serológico; e aspectos toxicológicos (Anexo 4).

II.3 LOCAIS DE ESTUDO

As amostras foram recolhidas primeiro na freguesia de Niété, onde ainda não existiam dados sobre o cancro do colo do útero, e depois na freguesia de Yaoundé I. Os estudos recentes sobre o CCU, relatados aqui por vários autores (Sando et al., 2014; Kemfang et al., 2015), mostraram que as mulheres de Yaoundé estão principalmente expostas a esta doença, que foi aliás diagnosticada como o primeiro cancro que afecta as mulheres em Yaoundé (Sando et al., 2014).

II.4 PERÍODO DE ESTUDO

Este estudo foi realizado durante um período de quatro meses, de junho a outubro de 2016.

II.5 POPULAÇÃO ESTUDADA

> **Critérios de inclusão**

Todas as mulheres sexualmente activas foram incluídas no estudo numa base voluntária e assinaram um formulário de consentimento informado.

> **Critérios de não-inclusão**

Qualquer mulher grávida ou submetida a uma histerectomia total não foi incluída no estudo. Qualquer mulher com um período menstrual atual ou dentro de 5 dias após a menarca. menstruação, mulheres que tiveram relações sexuais 48 horas antes da amostragem e mulheres que não deram consentimento informado.

II.6 AMOSTRAGEM

> **Tipo de amostragem**

Os participantes foram recrutados consecutivamente.

> **Tamanho da amostra**

O estudo baseou-se numa amostra de 306 mulheres, das quais 153 no distrito de Niété e 153 no distrito de Yaoundé I, determinada por conveniência.

II.7 MATERIAIS E MÉTODOS

II.7.1 Fase pré-analítica

Consistia num :

✓ **Sensibilização no terreno** :

A sensibilização da população-alvo foi efectuada através de anúncios radiofónicos e de folhetos informativos nos vários estabelecimentos de saúde públicos e privados, nas escolas secundárias e nas escolas de formação.

✓ **Recrutamento de mulheres**

> **A Niété**

Foram estabelecidos contactos com as autoridades locais, os chefes de aldeia e os médicos responsáveis pelos centros de saúde das diferentes aldeias (Zingui, aldeia 13 e Adjap, o seu centro administrativo). Estes foram encarregados de transmitir a informação à população local duas semanas antes da nossa chegada. Os chefes de aldeia anunciaram a campanha nas suas reuniões locais. As mensagens foram transmitidas na rádio e nas igrejas, e foram distribuídos folhetos nas várias aldeias. O pessoal do centro de saúde também convidou as mulheres que estavam a assistir às consultas a participarem na campanha. As mulheres foram recrutadas ao sábado e ao domingo, das 8 às 15 horas.

➢ Em Yaoundé I

Foi mais fácil recrutar as mulheres neste local, uma vez que havia muitas mulheres a chegar todos os dias e o pessoal de enfermagem do CHU convidava-as a dirigir-se à sala reservada para a campanha de rastreio. As mulheres eram recrutadas de segunda a sexta-feira, das 8h às 15h.

✓ Inquérito sob a forma de questionários:

As mulheres que tinham dado o seu consentimento informado foram convidadas a preencher o questionário.

✓ Amostragem cérvico-uterina :

A maioria das pacientes estava a ser submetida a este exame pela primeira vez. Depois de explicar o objetivo do exame, a mulher foi colocada na posição ginecológica na mesa de exame, seguindo-se o exame ginecológico. Após uma inspeção visual do colo do útero para deteção de lesões macroscópicas, foi introduzido um espéculo até ao colo do útero, após o uso de luvas. Uma vez o colo do útero acessível e inspeccionado, a amostra foi colhida começando por raspar as células da vagina (utilizando a extremidade afiada da espátula de Ayre). Em seguida, foram colhidas amostras da ectocérvice (utilizando a extremidade dentada da espátula de Ayre) e da endocérvice (utilizando uma escova citológica). As amostras foram colhidas por um médico do centro de saúde e as lâminas foram lidas por um citopatologista experiente.

✓ Rotulagem :

Estas amostras foram espalhadas em três lâminas identificáveis, cada uma com o número do doente e a zona amostrada. A cada amostra seguiu-se uma fixação imediata com Cytospray®, de modo a mantê-las num estado de hidratação adequado.

II.7.2 Fase analítica

II.7.2.1 Processo de determinação do perfil citopatológico do colo do útero em Niété e Yaoundé I.

Coloração de Papanicolaou ou teste de Papanicolaou

➤ **Objetivo da coloração**

A coloração de Papanicolaou destina-se a destacar células escamosas e endocervicais retiradas da parede vaginal e do colo do útero.

➤ **Princípio**

Este método cora o material celular fixado. Utiliza uma ação policromática resultante da intervenção de um corante nuclear na fase aquosa (Harris Haematoxylin) e de dois corantes citoplasmáticos na fase alcoólica (Orange G6 e EA 50).

➤ **Técnica** (Healthline, 2012) Ver Apêndice 1
➤ **Comentários**

Núcleos	Azul a azul-violeta
citoplasma das células profundas	Verde a azul esverdeado
Citoplasma das células superficiais	Cor-de-rosa ou vermelho-alaranjado

Os núcleos são corados de azul-violeta para as células superficiais, de rosa-alaranjado para as células intermédias e de azul-verde para as células das camadas mais profundas. O citoplasma é corado de rosa ou vermelho-alaranjado quando eosinófilo e de verde ou azul-esverdeado quando basófilo.

II.7.3   Fase pós-analítica

✓ Controlo de qualidade dos resultados

✓ Verificação dos resultados

✓ Resultados e aconselhamento para pessoas com esfregaços anormais.

II.8 ANÁLISE ESTATÍSTICA

As análises estatísticas foram efectuadas utilizando :

➢ Excell (2007) para gerir tabelas e figuras

➢ O software GraphPad Prism 5 foi utilizado para analisar os dados. O teste t de Student em séries não pareadas foi usado para comparar as médias, o teste F de Fisher para comparar as variâncias e o teste qui-quadrado de independência de Pearson para comparar as percentagens. O nível de significância foi fixado em $P \leq 0,05$.

CAPÍTULO III
RESULTADOS E DISCUSSÃO

III.1 APRESENTAÇÃO DAS CARACTERÍSTICAS GERAIS DA POPULAÇÃO ESTUDADA

As características gerais das 306 participantes que tinham um exame de Papanicolaou considerado interpretável são apresentadas nas Tabelas 3 e 4. A idade média das mulheres era de 36 ± 11 anos nas zonas rurais e de 36 ± 10 anos nas zonas urbanas; a paridade média era de 3,7 ± 2,3 nas zonas rurais e de 4,1 ± 2,5 nas zonas urbanas. A idade média da primeira gravidez foi de 18 ± 4,8 anos em Niété e de 18 ± 3,3 anos em Yaoundé I. Mais de dois terços dos participantes (71,2%) eram casados na altura do inquérito. Esta situação verificou-se em ambas as zonas de estudo. A idade média da primeira relação sexual foi de 16 ± 2,3 anos nas zonas rurais, em comparação com 17 ± 3,1 anos nas zonas urbanas, com um número médio cumulativo de parceiros sexuais de 4,1 ± 3,6 nas zonas rurais, em comparação com 2,2 ± 2 nas zonas urbanas.

III.1.1 Dados sócio-demográficos e educacionais das mulheres

Na população em estudo, 40,2% (123/306) das mulheres inquiridas pertenciam ao grupo etário [25-34]. A frequência acumulada nas zonas urbanas para as mulheres com menos de 45 anos era de 75,8% e de 77,8% nas zonas rurais. As mulheres dos grupos etários 30-39 e 50-66 anos estão mais representadas em Niété. Em Yaoundé I, as mulheres estavam mais representadas nos grupos etários 17-29 e 40-49. Não se registou qualquer diferença significativa (P=0,793) em termos de idade entre os arrondissements. Mais de dois terços das mulheres (71,2%) eram casadas no momento do inquérito. Esta situação verifica-se nas duas zonas. Existe uma diferença significativa (P<0,0001) na distribuição do estado civil entre os dois bairros. As mulheres com níveis de educação mais elevados estavam mais representadas na zona urbana, enquanto as mulheres com educação primária e secundária estavam mais representadas na zona rural. Também se registou uma diferença significativa (P<0,0001) na distribuição dos níveis de escolaridade entre os dois distritos. As mulheres desempregadas estavam mais representadas nas zonas rurais do que nas zonas urbanas. Também se registou uma diferença significativa entre os dois distritos na distribuição da situação profissional (P=0,0057).

Tabela 3: Características sócio-demográficas e educacionais dos pacientes.

Características	Zonas rurais		Ambiente urbano		Total		valor de p
	N	%	N	%	N	%	
Grupos etários (anos)							
17-29	46	30,1	48	31,4	94	30,7	
30-39	52	34	45	29,4	97	31,7	
40-49	36	23,5	42	27,4	78	25,5	0,793
50-66	19	12,4	18	11,8	37	12,1	
Situação profissional							
Sim	55	35,95	79	51,6	134	43,8	
Não	98	64,05	74	48,4	172	56,2	0,0057*
Estado civil							
Noivas	111	72,5	107	69,9	218	71,2	
Individual	39	25,5	29	19,0	68	22,2	
Divorciado	0	0,0	4	2,6	4	1,3	<0,0001*
Viúvas	3	2,0	13	8,5	16	5,2	
Nível de estudos							
Não	12	7,8	17	11,1	29	9,5	
Primário	74	48,4	38	24,8	112	36,6	
Secundário	65	42,5	62	40,5	127	41,5	<0,0001*
Superior	2	1,3	36	23,5	38	12,4	

Os dados são apresentados em número de efectivos e percentagem. Valor de p calculado a partir da análise de variância ordenada (valor de p significativo < 0,05). (*) = valor de P significativo (< 0,05)

III.1.2 Dados ginecológicos-obstétricos e toxicológicos das mulheres

As mulheres eram mais multíparas (número de filhos $\geq$3) e paucíparas (número de filhos = 1 ou 2) nas áreas rurais e urbanas. A primeira relação sexual entre 15 e 19 anos de idade foi maior em ambas as áreas de estudo. As áreas rurais eram mais propensas a ter mais de três parceiros sexuais (57,4%) e as áreas urbanas mais propensas a ter apenas um parceiro (57,5%). Foram observadas diferenças significativas entre Niété e Yaoundé I relativamente à contraceção (p<0,0001), à idade da primeira relação sexual (p=0,0193), ao número de parceiros sexuais (p<0,0001), ao tabagismo (p<0,0001) e ao álcool (p=0,0002).

Tabela 4: Características ginecológico-obstétricas e toxicológicas das pacientes.

Características	Zonas rurais		Zonas urbanas		Total		p-valor
Paridade nulíparas	11	7,2	12	7,8	23	7.5	
Paucipare	33	21,7	32	20,9	65	21.2	0,984
Multipare	109	71,3	109	71,3	218	71,3	
Contraceção Sim	67	43,8	126	82,4	193	63,1	
Não	86	56,2	27	17,6	113	36,9	<0,0001*
Idade da primeira relação sexual< 15	25	16,3	25	16,3	50	16,3	
15 à 19	113	73,8	96	62,8	209	68,4	
20 à 24	14	9,2	28	18,3	42	13,7	0,0193*
25 à 29	1	0,7	4	2,6	5	1,6	
Número de parceiros sexuais 1	48	31,5	88	57,5	136	44,5	
2	17	11,1	28	18,3	45	14,7	<0,0001*
≥3	88	57,4	37	24,2	125	40,8	
Tabaco Sim	54	35,3	5	3,3	59	19,3	
Não	99	64,7	148	96,7	247	80,7	<0,0001*
Álcool Sim	90	58,8	56	36,6	146	47,7	
Não	63	41,2	97	63,4	160	52,3	0,0002*

Os dados são apresentados como números de efectivos e percentagens. Valor de p calculado a partir da análise ordenada de variâncias (valor de p significativo < 0,05).(*) = valor de p significativo (< 0,05)

III.2 RESULTADOS SOBRE O FCV DOS PACIENTES EM NIETE (ZONA RURAL)

III.2.1 Aspeto macroscópico do colo do útero

O exame macroscópico do colo do útero foi efectuado antes da colheita do esfregaço de Papanicolaou. Este revelou que a maioria das anomalias macroscópicas do colo do útero eram cervicite ou inflamação do colo do útero (75,8%). Para além disso, nenhuma destas mulheres tinha tido uma FVC antes da nossa campanha, e as visitas a um ginecologista eram relativamente raras.

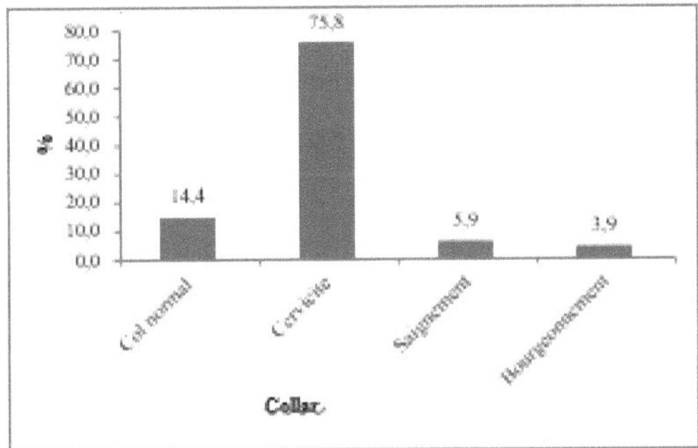

Figura 10: Estado macroscópico do colo do útero das pacientes inquiridas em Niété.

III.2.2 Perfil citopatológico das células do colo do útero em Niété

Foram seleccionados 170 pacientes e 153 deles (90%) tinham esfregaços considerados satisfatórios para interpretação. As restantes 17 (i.e. 10%) com esfregaços insatisfatórios (informação clínica incompleta, fraca disseminação celular com menos de 10% de células analisáveis, esfregaços demasiado inflamatórios ou hemorrágicos) foram excluídas do nosso estudo.Dos 153 esfregaços considerados interpretáveis, 90,2% (138/153) eram negativos e 9,8% (15/153) apresentavam atipias celulares que variavam de ASCUS a HSIL, com predomínio de lesões do tipo LSIL (4,6%).

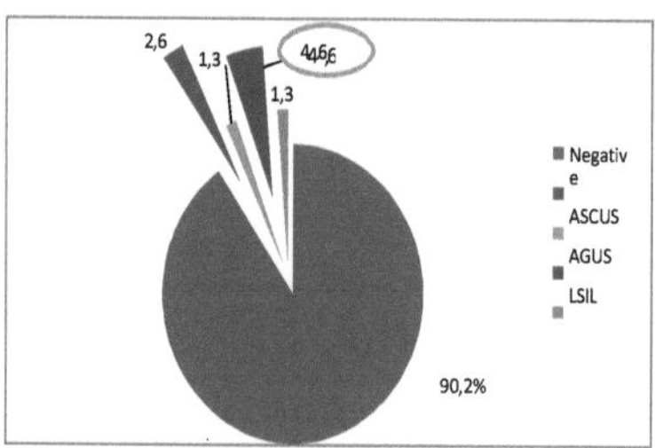

Figura 11: Perfil citopatológico das células cervicais das pacientes inquiridas em Niété. Esfregaços anormais = ASCUS, AGUS, LSIL e HSIL

III.3 RESULTADOS SOBRE O FCV DOS DOENTES EM DEYAOUNDE I (ZONA URBANA)

III.3.1 Aspeto macroscópico do colo do útero

O exame macroscópico do colo do útero em Yaoundé I revelou um colo do útero normal na maioria dos casos (69,9%). Para além disso, 90% destas mulheres nunca tinham feito uma VFC antes da nossa campanha, embora as visitas a um ginecologista fossem bastante frequentes.

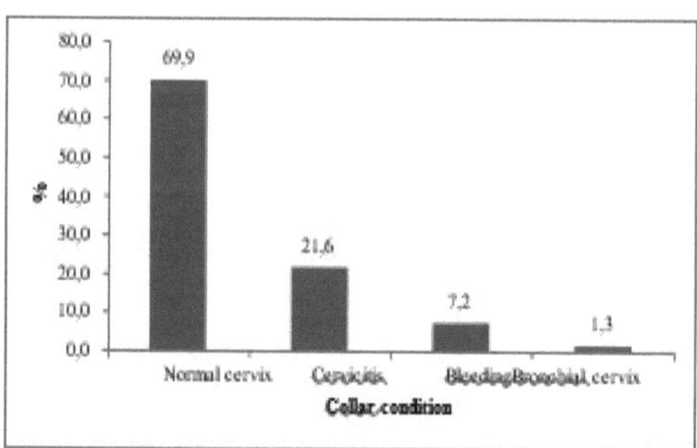

Figura 12: Aspeto macroscópico do colo do útero das pacientes inquiridas em Yaoundé I.

III.3.2 Perfil citopatológico das células do colo do útero em Yaoundé I

Foram rastreadas 160 doentes e 153 (95,6%) tinham esfregaços considerados satisfatórios para interpretação. Os restantes 7 (4,4%) eram de qualidade insatisfatória e foram excluídos do nosso estudo. Dos 153 esfregaços considerados interpretáveis, 83,7% (128/153) foram negativos e 16,3% (25/153) apresentaram atipia celular variando de ASCUS a HSIL, com predomínio de lesões do tipo ASCUS (9,8%).

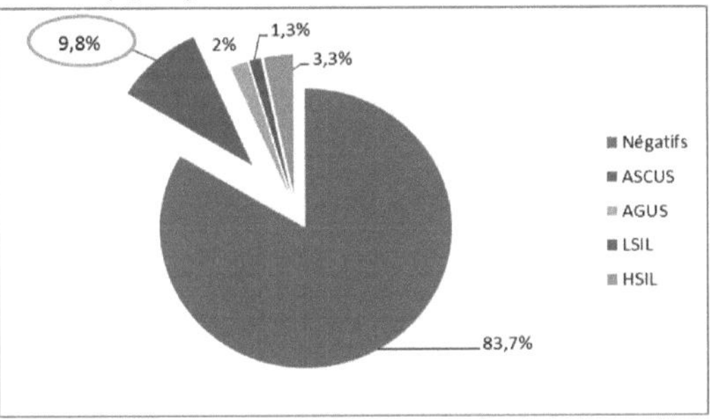

Figura 13: Perfil citopatológico das células cervicais das pacientes inquiridas em Yaoundé I Esfregaços anormais = ASCUS, AGUS, LSIL e HSIL

III.4 ANÁLISE COMPARATIVA DO PERFIL CITOPATOLÓGICO DAS MULHERES EM NIETE E YAOUNDE I

> **Aspeto macroscópico**

Foi observada uma diferença significativa (P<0,0001; $\chi^2 = 105,6$) na distribuição do aspeto macroscópico do colo do útero entre os dois distritos. Os cérvices que apresentavam cervicite ou brotamento foram mais frequentemente encontrados em Niété.

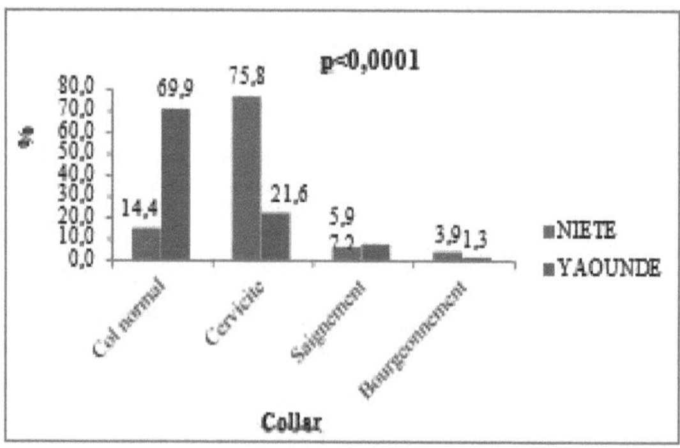

Figura 14: Comparação do estado do colo do útero entre as mulheres de Niété e as de Yaoundé I.

> **Comparação dos perfis citopatológicos das células cervicais das mulheres**

A distribuição destes resultados mostrou uma diferença significativa nos perfis citopatológicos entre Niété e Yaoundé I (P = 0,027; χ^2 = 11,01). Os perfis citopatológicos eram mais representativos entre as mulheres inquiridas nas zonas urbanas do que nas zonas rurais (16,3% contra 9,8%).

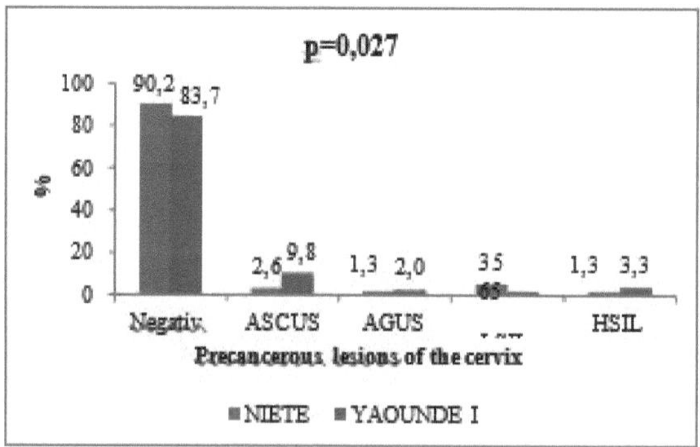

Figura 15: Comparação dos perfis citopatológicos das células cervicais das mulheres de Niété e Yaoundé I

III.4.2 Factores envolvidos na variação dos perfis citopatológicos entre Niété e Yaoundé I

> **Identificação dos factores associados às diferentes alterações citológicas observadas em cada Arrondissement**

A Tabela 5 mostra o efeito dos factores sócio-demográficos na prevalência de lesões pré-cancerosas. Nas zonas rurais, verificou-se que a prevalência de lesões pré-cancerosas está significativamente associada a mulheres com idades compreendidas entre os 40 e os 49 anos (11,1%), viúvas (33,3%) e com um nível de escolaridade mais elevado (50%). Nas zonas urbanas, a prevalência está significativamente associada às mulheres com idades compreendidas entre os 30 e os 39 anos (19,1%), às mulheres solteiras (48,3%) e às mulheres com o ensino secundário (15,8%). Nas zonas rurais, a prevalência destas lesões foi significativamente mais elevada nas mulheres com idades compreendidas entre os 40 e os 49 anos (11,11%), nas solteiras (17,9%) e nas que possuíam o ensino básico (9,5%). Na zona urbana, por outro lado, o risco de lesões pré-cancerosas foi maior entre as mulheres com idade entre 30 e 39 anos (19,10%), solteiras (48,3%) e com ensino médio (15,8%).

Quadro 5: Factores sócio-demográficos associados às alterações citológicas em Niété e Yaoundé I

Socio dados demográficos		Zonas rurais		Ambiente urbano	
	N	Alteração citológico	valor de p	N	Alteração citológico	valor de p
Idade (anos)						
17-29	46	5 (10,9%)		49	9 (18,4%)	
30-39	52	4 (7,7%)	0,004*	47	9 (19,1%)	0,005*
40-49	36	4 (11,1%)		40	5 (12,5%)	
50-66	19	2 (10,5%)		17	2 (11,8%)	
Situação profissional						
Sim	52	3 (5,8%)	0,09	59	11 (18,6%)	0,08
Não	101	12 (11,9%)		94	14 (14,9%)	
Estado civil						
Individual	39	7 (17,9%)		29	14 (48,3%)	
Noivas	111	7 (6,3%)	0,042*	107	7 (6,5%)	0,009*
Divorciado	0	0 (0%)		4	0 (0%)	
Viúvas	3	1 (33,3%)		13	4 (30,8%)	
Nível de estudos						
Não	12	1 (8,3%)		17	1 (5,9%)	
Primário	74	7 (9,5%)	0,003*	32	5 (15,6%)	0,045*
Secundário	65	6 (9,2%)		57	9 (15,8%)	
Superior	2	1		35	5 (14,3%)	

Os dados são apresentados em número de efectivos e em percentagem. Valor de p calculado a partir da análise ordenada de variâncias. (*) = valor de P significativo < 0,05

A Tabela 6 mostra o efeito dos factores ginecológico-obstétricos e toxicológicos na prevalência de alterações citológicas. Nas zonas rurais, foi significativamente associada à paridade (22,5%), à idade precoce da primeira relação sexual (19,3%), ao elevado número de parceiros sexuais (14,8%) e à contraceção (mais frequentemente oral) (23,8%). Nas zonas urbanas, foi significativamente associada à idade precoce da primeira relação sexual (42,1%) e ao consumo de álcool (21,7%). No entanto, nas zonas rurais, a prevalência destas lesões foi significativamente mais elevada nas mulheres nulíparas (18,20%), nas que usavam contraceção (23,8%), nas que tinham mais de três parceiros sexuais (14,80%) e nas que não consumiam álcool (25,00%). Nas áreas urbanas, por

36

outro lado, o risco de alterações citológicas nas células cervicais foi mais elevado entre as mulheres que não tomavam contraceptivos (25%) e as que consumiam álcool (21,70%).

Quadro 6: factores e aspectos toxicológicos associados às alterações citológicas em Niété e Yaoundé I

Factores ginecológicos Obstetrícia e Toxicologia		Zonas rurais			Ambiente urbano	
	N	Alteração citológico	valor de p	N	Alteração citológico	valor de p
Paridade						
nulíparas	11	2 (18,2%)	0,008*	12	1 (8,3%)	0,097
Paucipare	33	5 (15,2%)		31	5 (16,1%)	
Multipare	109	8 (7,3%)		110	19 (17,3%)	
Contraceção						
Sim	80	19 (23,8%)	0,003*	115	8 (7%)	0,005*
Não	73	6 (8,2%)		28	7 (25%)	
Idade do primeiro relações sexuais						
< 15	23	2 (8,7%)	0,021*	20	5 (25%)	0,039*
15 à 19	104	11 (10,6%)		82	14 (17,1%)	
20 à 24	10	1 (10,0%)		22	6 (27,3%)	
Número de parceiros Sexual						
1	48	2 (4,2%)	0,049*	88	13 (14,8%)	0,11
2	17	0 (0%)		28	4 (14,3%)	
≥3	88	13 (14,8%)		37	8 (21,6%)	
Tabaco						
Sim	54	5 (9,3%)	0,089	5	0 (0%)	0,48
Não	97	0 (0%)		148	25 (16,9%)	
Álcool						
Sim	115	8 (7,0%)	0,005*	46	10 (21,7%)	0,004*
Não	28	7 (25,0)		82	13 (15,9%)	

Os dados são apresentados em número de efectivos e em percentagem.
Valor de p calculado a partir da análise ordenada de variâncias. (*) = valor de P significativo < 0,05

> **Factores envolvidos na variação dos perfis citopatológicos entre Niété e Yaoundé I**

A Tabela 7 mostra a variação nas alterações citológicas cervicais entre as duas áreas de estudo em função dos factores sócio-demográficos. Foi encontrada uma diferença significativa para as lesões ASCUS (p = 0,027) e LSIL (p = 0,017) para o fator idade. A prevalência do tipo ASCUS foi mais elevada em Yaoundé, independentemente do grupo etário. A tendência foi inversa para o tipo LSIL, cuja prevalência foi mais elevada em Niété, independentemente do grupo etário. Quanto ao fator estado civil, foi encontrada uma diferença significativa para as lesões LSIL (p = 0,025). De facto, a prevalência de LSIL era mais elevada nas mulheres solteiras de Niété do que em Yaoundé I. No entanto, não foi observada qualquer diferença significativa entre estes perfis para o fator nível de estudo.

Tabela 7:Factores sócio-demográficos envolvidos na variação dos perfis citopatológicos entre Niété e Yaoundé I

Factores Gráficos sócio-demonstrativos			Alterações citológicas					
	ASCUS		AGUS		LSIL		HSIL	
Idade	NIETE (%)	YDE I (%)	NIETE (%)	YDE I (%)	NIETE (%)	YDE I (%)	NIETE (%)	YDE I (%)
17-29	2,2	12,2	4,3	2,0	4,1	2,0	0,0	2,0
30-39	1,9	6,4	0,0	4,3	3,8	2,1	1,9	6,4
40-49	5,6	10,0	0,0	0,0	5,6	0,0	0,0	2,5
50-66	0,0	11,8	0,0	0,0	5,3	0,0	5,3	0,0
P	0,027*		0,136		0,017*		0,344	
estado civil								
único	2,6	17,2	5,1	3,4	10,3	0,0	0,0	3,4
divorciado	0,0	0,0	0,0	0,0	0,0	0,0	0,0	0,0
noiva	2,7	6,5	0,0	0,9	0,0	0,0	0,9	0,0
viúva	0,0	23,1	0,0	7,7	0,0	0,0	33,3	0,0
P	0,065		0,223		0,025*		0,223	
nível de educação								
Não	0,0	5,9	8,3	0,0	0,0	0,0	0,0	0,0
primário	4,1	6,3	0,0	0,0	5,4	6,3	0,0	3,1
secundário	1,5	7,0	1,5	3,5	4,6	0,0	1,5	5,3
superior	0,0	10,8	0,0	2,7	0,0	0,0	50,0	0,0
P	0,141		0,329		0,155		0,269	

YDE= Yaoundé Valor P calculado a partir da análise ordenada das variâncias. (*) = valor de P significativo (< 0,05)

A Tabela 8 mostra a variação das alterações citológicas cervicais entre as duas áreas de estudo, de acordo com os factores ginecológico-obstétricos e toxicológicos das mulheres inquiridas. Foi encontrada uma diferença significativa para as lesões AGUS (p = 0,03) para o fator paridade. Para o fator número de parceiros sexuais, foi encontrada uma diferença significativa para as lesões do tipo LSIL (p = 0,023). De facto, a prevalência do tipo LSIL era mais elevada em Niété entre as mulheres que tinham tido mais de três parceiros sexuais, mas a tendência inverteu-se entre as que tinham tido apenas um parceiro. Quanto ao fator álcool, foi encontrada uma diferença significativa para as lesões ASCUS (p = 0,027), sendo a prevalência de ASCUS mais elevada em Yaoundé entre as mulheres que consumiam álcool. Foi observada uma diferença significativa nos perfis a favor de Niété (7,1% versus 6,3%) no perfil do tipo HSIL. No entanto, não foi observada qualquer diferença significativa entre estes perfis relativamente à idade da primeira relação sexual. Entre os factores associados às diferentes alterações citológicas nas mulheres do nosso estudo, a idade das participantes e o consumo de álcool foram responsáveis pela variação dos perfis citopatológicos do tipo ASCUS entre Niété e Yaoundé I. A paridade foi responsável pela variação do tipo AGUS. A paridade foi responsável pela variação do tipo AGUS, o número de parceiros sexuais, o estado civil e, mais uma vez, a idade das participantes foram responsáveis pela variação do tipo LSIL, e a contraceção, pela variação do tipo HSIL.

Quadro 8: Factores ginecológico-obstétricos e toxicológicos implicados na variação dos perfis citopatológicos entre Niété e Yaoundé I

Factores ginecológicos e obstétricos toxicológico	Alterações citológicas							
	ASCUS		AGUS		LSIL		HSIL	
Paridade	NIETE (%)	YDE I (%)	NIETE (%)	YDE I (%)	NIETE (%)	YDE I (%)	NIETE (%)	YDE I (%)
nulíparas	0,0	8,3	18,2	0,0	0,0	0,0	0,0	0,0
Paucipare	3,0	9,4	0,0	0,0	9,1	0,0	3,0	6,3
Multipare	2,8	10,0	0,0	2,7	3,7	1,8	0,9	2,7
P	0,313		0,03*		0,155		0,293	
APRS								
<15	0,0	8,0	0,0	0,0	4,0	4,0	4,0	8,0
15-19	3,5	8,3	1,7	2,1	3,5	1,0	0,9	3,1
20-24	0,0	17,9	0,0	3,6	16,7	0,0	0,0	0,0
P	0,228		0,367		0,152		0,292	
NPS								
1	2,1	6,8	0,0	2,3	2,1	2,3	0,0	3,4
2	0,0	7,1	0,0	3,6	0,0	0,0	0,0	3,6
≥3	3,4	18,9	2,3	0,0	6,8	0,0	2,3	2,7
P	0,106		0,082		0,023*		0,154	
Álcool								
Sim	3,5	10,9	1,7	1,8	1,7	1,8	0,0	5,4
Não	0,0	10,5	0,0	2,1	17,9	1,1	7,1	0,0
P	0,018*		0,136		0,333		0,333	
Contraceção								
Sim	11,3	2,6	3,8	0,9	2,5	3,5	6,3	0,0
Não	7,2	3,6	0,0	3,6	0,0	10,7	0,0	7,1
P	0,093		0,083		0,155		0,008*	

APRS = idade da primeira relação sexual   = número de parceiros sexuais. Valor de p calculado a partir da análise de variância ordenada. (*) = valor de P significativo < 0,05

III.5 DEBATE

A deteção precoce de anomalias cervicais é uma ferramenta útil e rentável para prevenir lesões pré-invasivas, particularmente em países com recursos limitados. O objetivo deste estudo foi efetuar uma análise comparativa dos perfis citopatológicos das células cervicais de mulheres dos distritos de Niété e Yaoundé I. Em Niété, mais de três quartos das mulheres incluídas neste estudo apresentavam anomalias cervicais macroscópicas marcadas por inflamação. Isto pode ser explicado pela existência de infecções microbianas, agentes químicos nocivos e falta de higiene. Neste estudo, as causas microbianas não foram investigadas, mas, no entanto, alguns estudos mostraram que os germes de levedura, como a Candida albicans, (germes bacterianos) e os vírus, como o HPV e o vírus herpes simplex tipo 2, estavam associados a estas anomalias (Koanga et al., 2014). Além disso, mais de um terço destas mulheres utilizava métodos contraceptivos. Esses estresses físicos e químicos induzidos por essa prática provavelmente poderiam explicar algumas das anormalidades macroscópicas encontradas neste estudo. Nosso resultado corrobora com o encontrado por Chiah na Argélia (2014), que teve 98,74% de esfregaços inflamatórios. As anormalidades citológicas cervicais, representaram 9,8% nessas mulheres. Os nossos resultados são semelhantes aos obtidos por Sankaranarayanan et al, na Índia (1998), utilizando o método VIA, e por Koanga et al, em Douala (2014), que apresentaram 9,8% e 10,5%, respetivamente. A alta frequência de LSIL obtida em Niété também foi observada em alguns estudos, Chiah (2014) e Moukassa et al. no Congo-Brazzaville (2013) e Koanga et al. no Extremo Norte dos Camarões (2016) que tiveram 45,2% e 6,19% e 5,5%, respetivamente. Isto pode ser explicado por um estilo de vida que as expõe (taxa elevada de um número de parceiros sexuais superior a três e de tabagismo). Além disso, todas as mulheres inquiridas nesta zona afirmaram que nunca tinham feito um exame cervical antes do nosso estudo, nem tinham conhecimento do cancro do colo do útero ou do HPV. Assim, entendemos que estas mulheres se apresentaram ao hospital, em média, numa fase avançada destas alterações citológicas cervicais. Além disso, a frequência de LSIL no nosso estudo (2,6%) é comparável à frequência obtida no estudo de Mbakop et al. em Yaoundé (1996) no caso de mulheres seropositivas por método citológico (1,5%). A frequência de HSIL (1,3%) é comparável à encontrada nos estudos de Robbyr em Bafang-Camarões (2002) e Somé et al. no Senegal (2016), que encontraram 1,6%, um pelo método líquido e o outro por VFC. A frequência de

ASCUS (4,6%) é semelhante ao trabalho efectuado por Koanga et al. no Extremo Norte dos Camarões (2016), que encontraram 3,8% utilizando o método citológico.Em Yaoundé I, mais de três quartos das mulheres tinham um colo do útero normal. Este facto pode ser explicado por uma higiene adequada, que limita a propagação de microrganismos nocivos ao colo do útero. Além disso, as visitas a um ginecologista eram muito frequentes. As anomalias citológicas do colo do útero representaram 16,3% destas mulheres. Os nossos resultados são semelhantes aos obtidos por Akinola et al. na Nigéria, que encontraram 16,2% utilizando o método VIA (2007). A elevada frequência de ASCUS obtida foi também observada no estudo efectuado por Somé et al, no Senegal (2016), que registou 2,5%. Isto pode ser explicado pelo stress físico e químico induzido pela utilização maciça de métodos contraceptivos por estas mulheres e pelo consumo de álcool. Além disso, as frequências de HSIL (2%), AGUS (3,3%) e ASCUS (1,3%) encontradas nesta área são comparáveis às obtidas por ROBYR, (2002), Chiah na Argélia (2014) e Somé et al. (2016) que encontraram respetivamente 2,5% pelo método líquido; 3,91% e 2,5% por FCV.A análise comparativa dos perfis das duas zonas mostrou uma diferença significativa entre os perfis citopatológicos das duas zonas. Este facto pode ser explicado por diferenças marcantes nas mentalidades, estilos de vida e problemas de saúde específicos de cada zona. Com efeito, apesar de serem geralmente reconhecidos vários obstáculos ao acesso aos cuidados de saúde por parte das comunidades rurais, incluindo a distância geográfica, o risco associado ao transporte, os fracos recursos financeiros e a falta de pessoal médico, parece que, em função do país, da idade e do estilo de vida, os padrões geográficos de incidência ou mortalidade por cancro do colo do útero variam muito, por vezes em benefício das comunidades rurais e por vezes em seu detrimento (INSPQ, 2004). Uma comparação dos dois perfis patológicos mostrou que as mulheres de Yaoundé I eram mais propensas a alterações citológicas cervicais do que as das zonas rurais (16,3% contra 9,8%). A mesma observação foi feita por Doll em Inglaterra (1991), que constatou que, entre 13 populações estudadas (em tantos países industrializados diferentes), a incidência e a mortalidade tendiam a ser mais elevadas nas zonas urbanas para 23 dos 26 locais de cancro considerados. O estudo de Dangou et al. na Guiné-Conacri (2012) também revelou a mesma observação, com o meio urbano (Conacri) a registar mais casos, incluindo: 10% LSIL; 8% HSIL e 15,5% cancro invasivo, em comparação com 5,2% LSIL; 15,3% HSIL e 10,5% cancro invasivo nas zonas rurais (Khorira). Em contrapartida, o estudo de Moukassa et al. no Congo-Brazzaville (2013) constatou que, entre as mulheres que consentiram neste estudo, a frequência relativa da neoplasia intra-epitelial cervical (NIE) era mais elevada nas zonas rurais do que nas zonas urbanas (14,3% contra 7,1%, p ≤ 0,05). A determinação dos factores envolvidos na variação dos perfis citopatológicos entre as duas áreas permitiu-nos compreender por que razão a área urbana apresentou mais casos do que a área rural. Os factores encontrados como responsáveis por esta variação foram: a idade das participantes, o seu estado civil, o número de parceiros sexuais, a paridade, o consumo de álcool e a contraceção. Mais mulheres nas áreas urbanas (43,4% versus 29,3%) apresentaram alterações citológicas no colo do útero a partir dos 30 anos de idade. As mulheres multíparas, cuja exposição ao traumatismo aumenta com o número de partos que tiveram, também eram mais susceptíveis de serem encontradas em zonas urbanas (17,3% contra 7,3%). Além disso, consumiam mais álcool (21,7% contra 7%) e tinham mais parceiros sexuais, com mais de três (21,6% contra 14,8%). Assim, as mulheres das zonas urbanas tinham maior probabilidade de ter exames de esfregaço patológico mais elevados do que as das zonas rurais, porque as mulheres presentes tinham uma idade de risco mais elevada (≥30 anos), com um maior número de parceiros com mais de três, tal como o consumo de álcool e o número de parceiros sexuais.

CONCLUSÃO RECOMENDAÇÕES E PERSPECTIVAS

CONCLUSÃO

No final do nosso estudo, que consistiu numa análise comparativa dos perfis citopatológicos das células cervicais das pacientes residentes nos distritos de Niété e Yaoundé I, verificámos que 9,8% dos esfregaços eram patológicos em Niété, com 4,6% de ASCUS, 1,3% de AGUS, 2,6% de LSIL, 1,3% de HSIL, e 16,3% dos esfregaços eram patológicos em Yaoundé I, com 1,3% de ASCUS, 3,3% de AGUS, 9,8% de LSIL e 2% de HSIL. Além disso, observámos uma diferença significativa entre os perfis destes dois contextos de estudo (P= 0,034; χ^2 = 11,01), sendo o contexto urbano mais propenso a alterações citológicas cervicais do que o contexto rural (Niété). A idade, a paridade e o estado civil são factores que explicam esta taxa elevada. Além disso, a idade das participantes e o consumo de álcool foram responsáveis pela variação dos perfis citopatológicos do tipo ASCUS, a paridade foi responsável pela variação do tipo AGUS, o número de parceiros sexuais, o estado civil e, mais uma vez, a idade das participantes foram responsáveis pela variação do tipo LSIL, e a contraceção, pela variação do tipo HSIL. Por conseguinte, é urgente organizar programas de rastreio do cancro do colo do útero bem orientados nos Camarões, utilizando uma metodologia aceitável em termos de custos e de eficácia. A população está preocupada com o cancro, e as campanhas de educação podem ajudar a aumentar a sensibilização.

RECOMENDAÇÃO

O cancro do colo do útero continua a ser um importante problema de saúde pública, sendo a segunda causa mais comum de cancro nas mulheres, a seguir ao cancro da mama. Apesar do êxito considerável do rastreio citológico na prevenção do cancro do colo do útero, o teste do esfregaço não tem tido o êxito que seria de esperar na redução da sua incidência em grande escala. Além disso, no que se refere à prevenção do cancro do colo do útero, o rastreio parece beneficiar apenas uma pequena parte da população mundial, ao passo que uma grande parte das pessoas que beneficiam do rastreio sofrem as suas fraquezas. Por conseguinte, recomendamos ao governo dos Camarões que organize campanhas de rastreio do cancro do colo do útero em grande escala, tanto nas zonas rurais como nas zonas urbanas, que reforce os cuidados prestados às mulheres que sofrem de lesões pré-cancerosas ou cancerosas e que tenha em conta os novos dados sobre a epidemiologia do cancro do colo do útero nos Camarões.

Este estudo revelou que a qualidade do rastreio citológico, tal como realizado, era insatisfatória. Um dos factores culpados foi a necessidade de o citopatologista ler um elevado número de esfregaços por dia (30-40 esfregaços/dia) devido às limitações do estudo, especialmente nas zonas rurais. Na prática atual, à exceção das campanhas de rastreio, se um esfregaço for feito em Niété, o resultado só chega ao doente três semanas mais tarde, pois tem de ser enviado para a capital, Yaoundé. Isto significa que os doentes se perdem no processo de acompanhamento, mesmo que existam opções cirúrgicas disponíveis. Além disso, nas zonas rurais dos Camarões, não existem meios para efetuar um exame colposcópico. Outro fator foi a elevada proporção de inflamação (cervicite) encontrada na população de Niété, que por vezes dificulta a leitura dos resultados.

PERSPECTIVAS

Tendo em conta os diferentes resultados obtidos neste estudo, a próxima etapa consistirá em alargar o estudo a várias outras localidades dos Camarões, de modo a poder generalizar os resultados a todo o país e utilizar o aspeto molecular para explicar as causas da variação dos perfis entre as zonas urbanas e rurais. O objetivo é reduzir consideravelmente a prevalência do cancro do colo do útero nos Camarões e abrir novas vias para a prevenção e o tratamento das pessoas que vivem com lesões pré-cancerosas e cancerosas do colo do útero.

REFERÊNCIAS

ACCP, 2004. Prevenir o cancro do colo do útero a nível mundial - PRB-ACCP_PreventCervCancer_EN.pdf [WWW Documento]. URL http://screening.iarc.fr/doc/PRB-ACCP_PreventCervCancer_FR.pdf (acedido em 24.10.16).

Akinola, O.I., Fabamwo, A.O., Oshodi, Y.A., Banjo, A.A., Odusanya, O., Gbadegesin, A., Tayo, A., 2007. Eficácia da inspeção visual do colo do útero com ácido acético no rastreio do cancro do colo do útero: Uma comparação com a citologia cervical. J. Obstet. Gynaecol. 27, 703- 705. doi:10.1080/01443610701614421

Baba, A.I., Câtoi, C., 2007. Comparative Oncology. Editora da Academia Romena, Bucareste.

Benchimol, 2014. Displasia do colo uterino [Documento WWW]. URL https://docteur- benchimol.com/gynecology/18-cervical-dysplasia.html (acedido em 26.10.16).

Boman, F., Duhamel, A., Trinh, Q.D., Deken, V., Leroy, J.-L., Beuscart, R., 2003. Avaliação do rastreio citológico do cancro do colo do útero e das lesões pré-cancerosas. Bull. Cancro (Paris) 90, 643-647.

Bosch, F., Broker, T., Forman, D., Moscicki, A., Gillison, M., Doorbar, J., Stern, P., Stanley, M., Arbyn, M., Poljak, M., Cuzick, J., Castle, P., Schiller, J., Markowitz, L., Fisher, W., Canfell, K., Denny, L., Franco, E., Steben, M., Kane, M., Schiffman, M., Meijer, C., Sankaranarayanan, R., Castellsagué, X., Kim, J., Brotons, M., Ale-many, L., Albero, G., Diaz, M., de Sanjosé, S., 2013. Controle abrangente de infecções por papilomavírus humano e doenças relacionadas. - PubMed - NCBI [Documento WWW]. URL https://www.ncbi.nlm.nih.gov/pubmed/24229716 (acedido em 24.10.16).

Bray, F., Ren, J.-S., Masuyer, E., Ferlay, J., 2013. Estimativas globais da prevalência do cancro em 27 locais na população adulta em 2008. Int. J. Cancer 132, 1133-1145. doi:10.1002/ijc.27711

Carozzi, F.M., Ocello, C., Burroni, E., Faust, H., Zappa, M., Paci, E., Iossa, A., Bonanni, P., Confortini, M., Sani, C., 2016. Eficácia da vacinação contra o HPV em mulheres que atingem a idade de triagem na Itália. J. Clin. Virol. Off. Publ. Pan Am. Soc. Clin. Virol. 84, 74-81. doi:10.1016/j.jcv.2016.09.011

Chard, 1994. The Uterus por Chard, T. (EDT)/ Grudzinskas, J. G. (EDT): Cambridge University Press 1994-11-17, Cambridge 9780521424530 paperback

Blackwell'shttp://www.abebooks.com/servlet/BookDetailsPL?bi=19472347867&
searchurl=isbn% 3D0521424534%26sortby%3D17 (acedido em 24.10.16).

Chiah, B., 2014. Contribution à l'étude du dépistage du cancer du cerv de
l'utérus au niveau de la wilaya de Bechar et la recherche du Papillomavirus
humain par la réaction de polymérisation en chaine [Documento WWW]. URL
http://dspace.univ- tlemcen.dz/bitstream/112/5572/1/MEMOIRE.pdf (acedido
em 1.5.17).

CNGOF, 2016. La colposcopie | Exploration du cerv uterin [Documento
WWW]. URL http://www.cngof.fr/interventions-gynecologiques/352-la-
colposcopie-exploration-du- col-uterin (acedido em 29.10.16).

Criton, C., 2010. Lesões pré-cancerosas do colo uterino e infeção por VIH -
SidaSciences [Documento WWW]. URL http://sidasciences.inist.fr/?Lesions-
precancereuses-du-col (acedido em 10.24.16).

Dallenbach, H.G., 2006. Color Atlas of Histopathology of the Cervix Uteri
(Atlas colorido de histopatologia do colo do útero). Springer Berlin Heidelberg,
Berlim, Heidelberg.

Dangou, Jean-Marie, 2012. Prevenção e gestão do cancro do colo do útero na
Guiné https://www.aho.afro.who.int/fr/ahm/issue/15/reports/pr%C3%A9vention-
et- management-du-cancer-du-col-ut%C3%A9rin-en-guin%C3%A9e (acedido
em 1.17.17).

DIOURI MOHAMED KHALIL, 2008. RASTREIO DO CÂNCER CERVICAL
NAS PREFEITURAS DE RABAT E SKHIRAT TEMARA: SITUAÇÃO
ACTUAL E PERSPECTIVAS [Documento WWW].URL
http://fulltext.bdsp.ehesp.fr/Inas/Memoires/massp/sp/2008/7508.pdf(acedido em
10.24.16).

Doll, R., 1991. Factores urbanos e rurais na etiologia do cancro. Int. J. Cancer
47, 803-810.

Embolo, E., Martin, K.M., Albert, M.S., Annie, N.N., 2016. Prevalência de
lesões pré-cancerosas do colo uterino de acordo com VIA, VILI e aspeto
citológico: análise da utilidade da combinação. Int. J. Res. Biosci. Volume 5
Edição 1.

F. Lecuru, 2008. GM001titres2004.qxd - 2008_GO_313_lecuru.pdf [Documento
WWW]. URL http://www.cngof.asso.fr/d_livres/2008_GO_313_lecuru.pdf
(acedido em 25.10.16).

Faysal Ali Saksouk, 2016. Imagiologia do cancro do colo do útero: Visão geral,
imagiologia nuclear, tomografia computorizada (TC).

G. Ronco, 2009. Rastreio do cancro do colo do útero na União Europeia

[Documento WWW]. URL http://zora.onko-
i.si/fileadmin/user_upload/dokumenti/novice/EJC_Cervical_screening_in_EU_20
09.p df (acedido em 29.10.16).

Golijow, C.D., Abba, M.C., Mourón, S.A., Laguens, R.M., Dulout, F.N., Smith,
J.S., 2005. Infecções por Chlamydia trachomatis e papilomavírus humano na
doença cervical em mulheres argentinas. Gynecol. Oncol. 96, 181-186.
doi:10.1016/j.ygyno.2004.09.037
Healthline, 2012. Papanicolau [Documento WWW]. URL
http://fr.healthline.com/health/test-de-papanicolaou#Pr%C3%A9paration4
(acedido em 1.14.17).
IARC, 2013. Últimas estatísticas mundiais sobre o cancro - pr223_E.pdf
[Documento WWW]. URL https://www.iarc.fr/fr/media-
centre/pr/2013/pdfs/pr223_F.pdf (acedido em 24.10.16).
INC, 2013. Factores de Risco - Cancro do Colo do Útero | Institut National Du
Cancer [Documento WWW]. URL http://www.e-cancer.fr/Patients-et-
proches/Les- cancers/Cancer-du-col-de-l-uterus/Risk-factors (acedido em
26.10.16).
INSPQ, 2004. Viver numa comunidade rural faz realmente diferença para a sua
saúde e bem-estar? | INSPQ - Instituto Nacional de Saúde Pública do Québec
James, P., 2016. 1-s2.0-S2214854X1530008X-main.pdf - nott nabs cx anat rev
tria 16.pdf
http://eprints.whiterose.ac.uk/100807/1/nott%20nabs%20cx%20anat%20rev%20t
ria% 2016.pdf (acedido em 24.10.16).
J.-C. Boulanger, 2010. Ginecologia - Apresentação - Consultas de EM
[Documento WWW]. URL http://www.em-
consulte.com/article/277306/colposcopie (acedido em 25.10.16).
Kemfang, J.D.N., Ngassam, A., Meka, E.N. um, Fouogue, J.T., Tagne, J.C.,
Sando, Z., Mendounga, J.T.N., Kasia, J.M., 2015. Rastreio do cancro do colo do
útero através da inspeção visual do colo do útero após a aplicação de ácido
acético em Yaoundé, Camarões. Health Sci. Dis. 16.
Khenchouche, A., Sadouki, N., Boudriche, A., Houali, K., Graba, A., Ooka, T.,
Bouguermouh, A., 2013. Co-infeção do Papilomavírus Humano e do vírus
Epstein-Barr no Carcinoma Cervical em mulheres argelinas. Virol. J. 10, 340.
doi:10.1186/1743-422X- 10-340
Koanga, M.L.M., Annie, N.N., Grace, N., Michel, W., Charlotte, B.E., Henri,
A.Z.P., 2014. Associação de inflamação cervical e anormalidades cervicais em
mulheres infectadas com o vírus Herpes Simplex 2 (HSV2). Int. J. Trop. Med.

Saúde Pública 4, 10-14.

Koanga, M.M.L., 2016. Preocupação e risco real de lesões do colo do útero induzidas pelo vírus do papiloma humano em mulheres dos Camarões: uma visão de uma região muçulmana socioeconomicamente desfavorecida | International Journal Of Development Research [Documento WWW]. URL

http://www.journalijdr.com/worrying-and-real-risk-human-papilloma-virus-induced- cervix-lesions-cameroonian-women-insight-socioe (acedido em 1.12.17).

Koss, L.G., 1989. O teste de Papanicolaou para a deteção do cancro do colo do útero. Um triunfo e uma tragédia. JAMA 261, 737-743.

Koutsky, L.A., Holmes, K.K., Critchlow, C.W., Stevens, C.E., Paavonen, J., Beckmann, A.M., DeRouen, T.A., Galloway, D.A., Vernon, D., Kiviat, N.B., 1992. A cohort study of the risk of cervical intraepithelial neoplasia grade 2 or 3 in relation to papillomavirus infection. N. Engl. J. Med. 327, 1272-1278. doi:10.1056/NEJM199210293271804

Leidy, N.K., 1999. Cost-effectiveness of Methods to Enhance Sensitivity of Papanicolaou Testing (Custo-eficácia dos métodos para aumentar a sensibilidade dos testes de Papanicolaou). JAMA 282, 1419. doi:10.1001/jama.282.15.1419

Letian, T., Tianyu, Z., 2010. Ligação ao recetor celular e entrada do papilomavírus humano.

Virol. J. 7, 2. doi:10.1186/1743-422X-7-2

Luna, J., Plata, M., Gonzalez, M., Correa, A., Maldonado, I., Nossa, C., Radley, D., Vuocolo, S., Haupt, R.M., Saah, A., 2013. Observação de acompanhamento a longo prazo da segurança, imunogenicidade e eficácia do Gardasil™ em mulheres adultas. PloS One 8, e83431. doi:10.1371/journal.pone.0083431

Maclean, D., 2009. HPV, Displasia Cervical e Cancro do Colo do Útero | CATIE - Canada's Source for HIV and Hepatitis C Information

Mantovani, F., Banks, L., 2001. A proteína E6 do papilomavírus humano e a sua contribuição para a progressão maligna. Oncogene 20, 7874-7887. doi:10.1038/sj.onc.1204869

Mbakop, A., Zekeng, L., Mbassi, J.R., Essimbi, F., 1996. [Aspectos citológicos de esfregaços cervicais em microscopia ótica em mulheres seropositivas para o VIH em Yaoundé-Camarões (África Central)]. Arch. Anat. Cytol. Pathol. 44, 250-253.

McCredie, M.R.E., Sharples, K.J., Paul, C., Baranyai, J., Medley, G., Jones, R.W., Skegg, D.C.G., 2008. História natural da neoplasia cervical e risco de cancro invasivo em mulheres com neoplasia intra-epitelial cervical 3: um estudo de coorte retrospetivo. Lancet Oncol. 9, 425-434. doi:10.1016/S1470-2045(08)70103-7

Miller, A.B., 2012. Advances in Cancer Screening (Avanços no rastreio do cancro). Springer Science & Business Media.

Monsonégo, J., 2006. Prevenção do cancro do colo do útero: desafios e perspectivas da vacinação contra o HPV. Gynécologie Obstétrique Fertil. 34, 189-201. doi:10.1016/j.gyobfe.2006.01.036

Moscicki, A.-B., Schiffman, M., Burchell, A., Albero, G., Giuliano, A., Goodman, M.T., Kjaer, S.K., Palefsky, J., 2012. Atualização da história natural do papilomavírus humano e dos cancros anogenitais. Vacina 30, F24-F33. doi:10.1016/j.vaccine.2012.05.089

Mougin, C., Dalstein, V., Prétet, J.L., Gay, C., Schaal, J.P., Riethmuller, D., 2001. [Epidemiologia das infecções do papilomavírus cervical. Conhecimentos recentes]. Presse Medicale Paris Fr. 1983 30, 1017-1023.

Moukassa, D., 2013. Estudo comparativo dos factores de risco das lesões pré-cancerosas do colo do útero em dois departamentos de saúde congoleses (Congo-Brazzaville).

Moukassa, D., N'Golet, A., Lingouala, L.G., Eouani, M.L., Samba, J.B., Mambou, J.V., Ompaligoli, S., Moukengue, L.F., Taty-Pambou, E., 2007. [Lesões pré-cancerosas do colo uterino em Pointe-Noire, Congo]. Med. Trop. Rev. Corps Sante Colon. 67, 57-60.

Muñoz, N., Castellsagué, X., de González, A.B., Gissmann, L., 2006. Capítulo 1: HPV na etiologia do cancro humano. Vaccine 24 Suppl 3, S3/1-10. doi:10.1016/j.vaccine.2006.05.115

Nkegoum, B., Belley Priso, E., Mbakop, A., Gwent Bell, E., 2001. [Lesões pré-cancerosas do colo uterino em mulheres dos Camarões. Aspectos citológicos e epidemiológicos de 946 casos]. Gynecol. Obstet. Fertil. 29, 15-20.

Norstrom A., T. Radberg, 2002. The problem of cervical cancer screening. http://www.canceraquitaine.org/sites/default/files/documents/INFOS-PRO/referentiels/gynecologie-senologie/Ref-Col-0905.pdf (acedido em 24.10.16).

OMS,2014.Cancer Country Profile - cmr_en.pdf [Documento WWW]. URL http://www.who.int/cancer/country-profiles/cmr_fr.pdf?ua=1 (acedido em 19.10.16).

OMS, 2007a. Controlo do cancro do colo do útero. Guia de práticas essenciais [Documento WWW]. URL http://docplayer.fr/5541941-La-lutte-contre-lecancer-du- cervix-uterus-essential-practices-guide.html (acedido em 1.14.17).

OMS, 2007b. Cervical cancer control English-21.indd - text_en.pdf [Documento WWW]. URL http://screening.iarc.fr/doc/text_fr.pdf (acedido em 10.24.16).

OUEDRAOGOTeega,2015.labiogene_m2_ouedraogo_teega-wende_clarisse.pdf.pdf http://www.labiogene.org/IMG/pdf/labiogene_m2_ouedraogo_teega-wende_clarisse.pdf.pdf (acedido a 26.10.16).

P. Lopes, 2013. Cancros pélvicos induzidos por vírus: cancro do colo do útero [Documento WWW]. URL http://www.lesjta.com/article.php?ar_id=1547 (acedido em 25.10.16).

P.M. TEBEU, 2005. Lesões pré-cancerosas do colo uterino em áreas rurais: estudo transversal - 5201_6.pdf http://www.gfmer.ch/Presentations_Fr/Pdf/5201_6.pdf (acedido em 24.10.16).

Potischman, N., Brinton, L.A., 1996. Nutrição e neoplasia do colo do útero. Cancer Causes Control CCC 7, 113-126.

Renolleau, C., 1996. Conduta prática em ginecologia. Heures de France.

ROBYR, R., 2002. Pilot study of cervical cancer screening in a rural area of Cameroon Cameroon [Documento WWW].URL http://www.unige.ch/cyberdocuments/theses2002/RobyrR/these.html (acedido em 24.10.16).

Sando, Z., Fouogue, J.T., Fouelifack, F.Y., Fouedjio, J.H., Mboudou, E.T., Oyono, J.L., 2014. Perfil dos cancros ginecológicos e da mama em Yaoundé - Camarões. Pan Afr. Med. J. 17. doi:10.11604/pamj.2014.17.28.3447

Sankaranarayanan, R., Wesley, R., Somanathan, T., Dhakad, N., Shyamalakumary, B., Amma, N.S., Parkin, D.M., Nair, M.K., 1998. Inspeção visual do colo uterino após a aplicação de ácido acético na deteção de carcinoma cervical e seus precursores. Cancer 83, 2150-2156.

Sawaya, G.F., McConnell, K.J., Kulasingam, S.L., Lawson, H.W., Kerlikowske, K., Melnikow, J., Lee, N.C., Gildengorin, G., Myers, E.R., Washington, A.E., 2003. Risk of cervical cancer associated with extending the interval between cervical-cancer screening. N. Engl. J. Med. 349, 1501-1509. doi:10.1056/NEJMoa035419

Schiffman, M.H., Brinton, L.A., 1995. A epidemiologia da carcinogénese do colo do útero. Cancro 76, 1888-1901.

Sellors, J.W., 2004. Colposcopy and Treatment of Cervical Intraepithelial Neoplasia: A Beginner's Manual [Documento WWW]. URL http://screening.iarc.fr/colpo.php?lang=2 (acedido em 1.14.17).

Siegel, R.L., Miller, K.D., Jemal, A., 2016. Estatísticas do cancro, 2016. CA. Cancer J. Clin. 66, 7-30. doi:10.3322/caac.21332

Smith, J.S., Herrero, R., Bosetti, C., Muñoz, N., Bosch, F.X., Eluf-Neto, J., Castellsagué, X., Meijer, C.J.L.M., Van den Brule, A.J.C., Franceschi, S., Ashley, R., Grupo de Estudo Multicêntrico do Cancro do Colo do Útero da Agência Internacional de Investigação do Cancro (IARC), 2002. Herpes simplex virus-2 as a human papillomavirus cofator in the etiology of invasive cervical cancer. J. Natl. Cancer Inst. 94, 1604-1613.

Solomon, D., Davey, D., Kurman, R., Moriarty, A., O'Connor, D., Prey, M., Raab, S., Sherman, M., Wilbur, D., Wright, T., Young, N., Membros do Grupo do Fórum, Workshop Bethesda 2001, 2002. The 2001 Bethesda System: terminology for reporting results of cervical cytology. JAMA 287, 2114-2119.

Somé, O.-R., Zongo, N., Ka, S., Wardini, R., Dem, A., 2016. Rastreio em massa do esfregaço cervicovaginal: resultados de uma experiência africana. Gynecology Obstetrics Fertil. 44, 336-340. doi:10.1016/j.gyobfe.2016.04.006

Soumaya OUCHEN, 2009. O LUGAR DA CITOSCOPIA NA CLASSIFICAÇÃO DO CÂNCER DO COLUNA UTERINO [Documento WWW]. URLhttp://wd.fmpm.uca.ma/biblio/theses/annee-htm/FT/2009/these54-09.pdf (acedido em 26.10.16).

Thin, R.N., Atia, W., Parker, J.D., Nicol, C.S., Canti, G., 1975. Value of Papanicolaou-stained smears in the diagnosis of trichomoniasis, candidiasis, and cervical herpes simplex virus infection in women. Br. J. Vener. Dis. 51, 116-118.

Trimble, C.L., Clark, R.A., Thoburn, C., Hanson, N.C., Tassello, J., Frosina, D., Kos, F., Teague, J., Jiang, Y., Barat, N.C., Jungbluth, A.A., 2010. A neoplasia intra-epitelial cervical associada ao papilomavírus humano 16 em humanos exclui as células T CD8 do epitélio displásico. J. Immunol. Baltim. Md 1950 185, 7107-7114. doi:10.4049/jimmunol.1002756

WOLFGANG, K., 2003. Atlas a Cores de Citologia, Histologia e Anatomia Microscópica [Documento WWW]. URL http://www.thieme.com/books-main/books/product/3386- color-atlas-of-cytology-histology-and-microscopic-anatomy (acedido em 1.14.17).

APÊNDICES

Apêndice 1: Coloração de Papanicolaou

A primeira etapa consiste em reidratar gradualmente as amostras, passando sucessivamente as lâminas por :

- duas cubas de álcool, uma a 95° e outra a 80⁰ durante 30s cada;
- numa cuba com álcool a 70° durante 30 segundos;
- numa cuba com álcool a 50° durante 30 segundos;
- dois tanques de água destilada por 10s cada.

As lâminas foram então coradas com o primeiro reagente, Harris Haematoxylin, durante 3 minutos, antes de serem lavadas em 3 tanques sucessivos de água destilada durante 10 segundos cada. Procedeu-se a uma desidratação progressiva, seguida de uma segunda coloração com laranja G6:

- numa cuba com álcool a 50° durante 30 segundos;
- numa cuba com álcool a 70° durante 30 segundos;
- numa cuba com álcool a 80° durante 30 segundos;
- numa cuba com álcool a 95° durante 30 segundos;
- um tabuleiro de G6 laranja por 15s.

Procede-se então a uma dupla desidratação para obter a coloração do terceiro reagente:

- duas cubas de álcool a 95° durante 15 segundos cada;
- uma cuba de policromia EA50 durante 1 minuto;

A última etapa conduziu progressivamente à montagem das lâminas:

- duas cubas de álcool a 95° durante 30 segundos;
- numa cuba de álcool absoluto durante 5 minutos;
- uma cuba com a mistura de álcool absoluto e xileno durante 10s;
- um tabuleiro de montagem em xileno.

A etapa de montagem consistiu em colocar algumas gotas de Eukitt na lâmina e aderir a lamela sem deixar bolhas de ar.

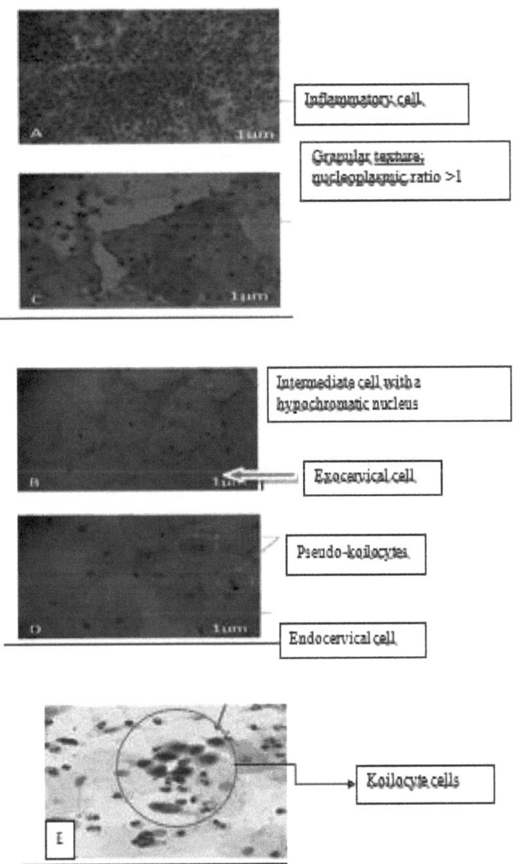

A: *células inflamatórias;*

B: *Lesão ASCUS (células com um núcleo hipocromático);*

C: *Lesão AGUS (em células basais com uma elevada relação núcleo/célula e textura granular);*

D: *Lesões intra-epiteliais de células escamosas de baixo grau, LSIL (células semelhantes a coilócitos);*

E: *Lesões intra-epiteliais escamosas de alto grau, HSIL (células coilocíticas)*

Apêndice 3: Autorização ética

<table>
<tr>
<td>

REPUBLIQUE DU CAMEROUN
Paix - Travail- Patrie
UNIVERSITE DE DOUALA

</td>
<td>

</td>
<td>

REPUBLIC OF CAMEROON
Peace - Work - Fatherland
UNIVERSITY OF DOUALA

</td>
</tr>
</table>

COMITE D'ETHIQUE INSTITUTIONNEL
DE LA RECHERCHE
POUR LA SANTE HUMAINE

Arrêté N° 0977/Minsanté/SESP/SG/DROS du 16 avril 2012 portant création, organisation et fonctionnement des comités d'éthique de la recherche pour la santé humaine au sein des structures relevant du Ministère en charge de la santé publique

N° CEI-UDo/~707~/ 11/ 2016/T   Douala, le 24 Novembre 2016

CLAIRANCE ÉTHIQUE

Le Comité d'Ethique Institutionnel de la Recherche pour la Santé Humaine de l'Université de Douala (CEI-UDo) en sa session du 24 Novembre 2016, a examiné le projet de recherche intitulé «**Analyse comparative du profil cytopathologique des cellules cervicales des patientes résidentes dans les arrondissements de Niété et de Yaoundé I**» soumis par **EBODE BALLA FOUDA Engelbert**, tenant lieu de Mémoire à la Faculté des Sciences de l'Université de Douala.

Le présent projet de recherche est d'un intérêt scientifique certain et ne présente aucun risque pour le participant. Les objectifs et la méthodologie de l'étude sont clairement décrits. Le formulaire de consentement éclairé est bien élaboré. Le principe de confidentialité des données est respecté. Les compétences requises pour la supervision des travaux de recherche sont présentes.

Au vu de ce qui précède, le CEI-UDo approuve pour une durée d'un an, la mise en œuvre de la présente version du protocole.

EBODE BALLA FOUDA Engelbert est responsable du respect scrupuleux du protocole et ne devrait y apporter aucun amendement aussi mineur soit-il, sans avis favorable du CEI-UDo. Les investigateurs sont tenus de collaborer avec le CEI-UDo pour le suivi des aspects éthiques du protocole approuvé. Le rapport final du projet de recherche devra être déposé au CEI-UDo pour archivage.

La présente clairance éthique est délivrée pour servir et valoir ce que de droit. Elle peut être annulée en cas de non-respect de la réglementation en vigueur et des recommandations sus-mentionnées.

<u>Ampliations</u>
- MINSANTE

LE PRESIDENT

Pr Léopold Gustave LEHMAN

NB : Il n'est délivré qu'un seul exemplaire de la clairance éthique.

Apêndice 4: Formulário de recolha de dados

Thème :

FORMULAIRE DE COLLECTE DES DONNEES

Participation à une recherche biomédicale

Analyse comparative du profil cytopathologique des cellules cervicales de patientes résidentes dans les Arrondissements de Nkélé et de Yaoundé

UNIVERSITE DE DOUALA

N° Code Protocole : /__/__/__ /

Anonymat : /__/__/__ /

Date : /__/__/__ __/

N° Téléphone :

Informations Sociales et Anthropologiques (A)

(1)-Noms et Prénoms : /_ /

(2)- Sexe : (Cocher) M /__/ F /__/

(3)-Date et lieu de naissance : J/M/A
/__ __/__ __/__ __ __ __/__/__ __ __/

(4)-N° de tél : /__/__/__/__/__/__/__/__/__/

(5)-Quartier de résidence : /__ __ __ __ __ __ /

(6)-Statut Matrimonial : /__ __ __ __ __ __ /

(7)-Profession et Niveau D'étude : /__ __ __ __/__ __ __ __/

(8)- Poids /__ __ __ __ __ __/

(9)- Taille /__ __ __ __ __ __/

(10)- Ethnie /__ __ __ __ __ __/

Données Gynécologiques et Obstétriques (B)

(1)- Date des Dernières Règles (DDR) : /__ __ /__ __ __ /__ __ __ __ / et saignements pendant les rapports

(2)-Age du Premier Rapport Sexuel (APRS) : /__ __/

(3)- Nombre de Partenaires Sexuels (NPS) : /__ __ __/

(4)- Age du Premier Saignement (APS) : /__ __ __/

(5)- Méthode Contraceptive : OUI /__/ NON /__/

(6)- Nombre de Grossesses : /__ __ __/

(7)-Age de la Première Grossesse : /__ __/

(8)- Nombre d'accouchements à Terme : /__ /

(9)- Avez-vous des Troubles de Menstruation : /__/

Information sur la Pathologie et Statut Sérologique (C)

(1)-Avez Déjà Entendu Parler Du Frottis Cervico-Vaginal (FCV): /__ /

(2)- Avez Déjà Entendu Parler Du cancer Du Col De l'Utérus /__ /

(3)- Avez Déjà Entendu Parler Du Virus Des Papillomes Humains /__ __/

(4)- Combien De Fois Voyez-Vous Un Gynécologue Par An : /__ /

(5)- Quel est Votre Statut Sérologique VIH : /__ __ /

(6)-Quel est Votre Statut Sérologique Hépatite B et C : /____________/ et /________ ____/

Aspect toxicologique (D)

(1)- Consommez-vous Du Tabac ? /____ ___/

(2)- Avez-vous une personne dans votre Entourage Proche Qui Fume ? /___ ____/

(3)- Consommez- vous De l'Alcool ? /___ ____/

(4)- Consommez-vous d'Autres stupéfiants (café, thé) ? : /____/

57

Printed by Books on Demand GmbH, Norderstedt / Germany